ワイン受験

ゴロ合わせ
暗記法2020

❧ はじめに ❧

社団法人日本ソムリエ協会(J.S.A.)認定試験受験生の皆さんへ

　沢山のワイン受験参考書が売られていますが、どのように効率的に暗記すればよいかのノウハウを適切に示しているものはありません。重要ポイントが示されていて、そこをよく覚えましょう、というスタイルに留まっています。大切なのは重要ポイントを「どう覚えるか」です。

　「いい国つくろう、鎌倉幕府」という有名な「ゴロ合わせ」があります。これのお陰で、受験勉強から何十年を経ていても我々は鎌倉幕府の成立(源頼朝が征夷大将軍に任官された年)が1192年であることを思い出すことができます。

　このような「ゴロ合わせ」を年代暗記のためだけでなく、ワイン受験頻出の重要事項の暗記のためにも応用・開発し、まとめたのが本書です。

　単なる丸覚えや、「本の左上の3行目に載っていた」というような視覚的に覚える方法は効果的ではありません。また覚えるべきいくつかの単語や項目の頭文字を羅列しただけの、意味のない呪文めいたものを念仏のように唱えたりする暗記法も同様です。そのような暗記法は覚えにくく、どうにか暗記した内容はすぐ忘れてしまうものです。

　主題の内容に関連付けた、ストーリー性のある「ゴロ合わせ」による暗記が最も有効な暗記法であり、「暗記したことを忘れにくくさせる有効な方法」です。暗記方法が良いと思い出しやすく、悪いと思い出せないのです。

　外国語などを覚えるのに、その「音」とよく似た母国語の音を利用してゴロ合わせするのは万国共通のやり方です。事実、フランス人が日本語で「ありがとう」と言う際には、ワニを思い出す人が多いようです(仏語でワニを意味する「アリガトールalligator」と発音が似ているから)。

　「ゴロ合わせ」はダジャレやオヤジギャグのように軽薄なものとして捉えられる風潮が今日ありますが、実は我が国古来の文化でもあるのです。その一例がお正月の床の間に供えられる鏡餅にあります。

　鏡餅の形は「三種の神器」の「鏡・玉・剣」を表しているのですが(「餅が鏡」・「橙が玉」・「干し柿が剣」を表す)、「橙」は「代々家が栄えるように」、干し柿の「柿」は「幸せをかき集める」という意味です。干し柿を外側に2個ずつ、内側に6つ串に刺すのは「外はニコニコ、仲睦まじく」のゴロ合わせになっています。なお鏡餅の飾りに用いられる「昆布」には「喜ぶ」または「子生」(＝子供が生まれる)の意味があります。

本書に紹介する「ゴロ合わせ」を考案する上で、留意したポイント
(1) ストーリー性重視。極力、情景が目に浮かぶような「ゴロ合わせ」としました。
(2) 「ゴロ合わせ」を面白おかしくし、印象を強くして記憶に定着しやすくしました。
(3) できるだけ短いフレーズにしました。
(4) 何を覚えるための「ゴロ合わせ」であるか、主題が明快。ゴロ合わせの中に主題が含まれています。
(5) 声に出して言いやすい、リズムを考慮した「ゴロ合わせ」。
(6) 地図問題に対応するため（近年、地図問題が増加傾向）、AOCなどの限定生産地域の地図上順番の法則化。地域を極力北から南へ、西から東へと並べました。「ゴロ合わせ」の最初が最北、最後が最南の地域となっています。

(例)以下のようにAOCが並んでいる際は、数字の順番で紹介

　J.S.A.教本に掲載されていることを何から何まで「ゴロ合わせ」にしていたら、キリがありません。「ゴロ合わせ」にするまでもない、ごく基本的な事柄（例：「カベルネ・ソーヴィニョンは黒ブドウである」など）は自力で覚えてください。

　試験によく出題される重要事項で、かつ覚えにくい事柄のみ暗記法を紹介しています。

　本書でご紹介する「ゴロ合わせ」などはあくまでも暗記の仕方ですので、決して何かを揶揄したりするものではありません。その点は誤解のないよう、ご理解いただきたくお願い致します。

本書の構成
覚えるべきことの一単位は以下の構成となっています。
設問：認定試験頻出事項の設問
覚え方：「ゴロ合わせ」など暗記法
ゴロ合わせの解説：「ゴロ合わせ」内の言葉が意味するもの。該当部分に赤のアンダーラインを引き、意味するものを赤字で記しました。

補足：補足説明すべき解説。すべての単位に補足がある訳ではありません。
正解：設問の解答

ページの見方

| 設 問 | **ボルドー地方の4つの河（北から南へ時計回り）** |

| ゴロ合わせ | **ボルドーの次郎、ドルで** |
| ゴロ合わせ の解説 | ボルドー　ジロンド河 ドルドーニュ河 |

ガロを買収しろ！
ガロンヌ河　　シロン河

補足 ガロ：アメリカ・カリフォルニアの最大手ワイナリー／シロン河はBarsac バルサックとSauternesソーテルヌの間に流れる河で、ガロンヌ河に注いでいる。シロン河から発生する朝霧が貴腐ブドウ形成の一要因。

答え
Gironde ジロンド河、Dordogne ドルドーニュ河、Garonne ガロンヌ河、Ciron シロン河

本書の効果的な使い方

(1) 携帯しやすいサイズですから、いつでもどこでも学習できます。いつも持ち歩きましょう。

(2) まず「ゴロ合わせ」以下の部分を名刺などの紙で隠し、設問のみを見て解答できるかどうか試します。

(3) 解答できないなら、「ゴロ合わせ」のみを見て解答できるかどうか試します。

(4) それでも解答できなかったら、アンダーラインが引いてある「ゴロ合わせの解説」（赤字）を見て解答。

(5) 最後に正解を確認。

(6) 「ゴロ合わせ」を何度もリズムよく、声に出して言ってみることが大事（できれば大声で）。黙読ではあまり覚えられません。声に出すことが頭に残る一番の方法で、「体」が覚え、記憶の定着が促進されます。「ゴロ合わせ」内の（　　　　）はストーリー性を補強するためのものです。（　　　）内を省略して覚えても構いません。

効果的「スーパー暗記術」を紹介します

(1)暗記は寝る前にする

　　　記憶は寝ている間に定着するので、寝る直前のことほどよく覚えています。勉強した後テレビを見たりすると、その情報が頭の中に入ってきて、せっかく覚えたことが消えやすくなります。

　　　「夜に勉強した後は余計なことをしないで、さっさと寝るに限る」のです。

(2)思い出すクセをつける

　　　「暗記すること」と「思い出すこと」はまったく別の作業です。実は暗記することよりも、思い出すことの方が大切なのです。思い出すクセをつければ暗記力が増します。最初に暗記したものはすぐ忘れやすいのですが、半分くらい覚えている時点で思い出し、再び暗記をします。するとこの2回目の暗記の努力は最初の半分で済み、すぐには忘れにくくなるのです。

　　　このように思い出し・再暗記を5回位繰り返すことによって、記憶が定着してゆきます。

(3)間隔をあけて暗記する

　　　適度に休憩時間を入れた方が効率的に暗記できます。暗記は一度に長時間やらず、分散させた方がベターです。週末にまとめて長時間暗記するより、毎日少しずつ暗記した方が効果的です。

モチベーションアップの方法

　　暗記がなかなか捗らなかったり、思わず受験を諦めたくなったときには、あなたが初めて「ソムリエ」「ワインエキスパート」になりたいと思った日のことを思い出し、奮起して頂きたいです。そして「ソムリエ」として勤務する自分の姿を、「ワインエキスパート」としてワインをきわめている自分の姿を想像して欲しいです。

　　具体的なモチベーションアップの方法10カ条をご紹介しましょう。

(1)道具を活用しよう

　　　勉強に決まったボールペンを使う。ペンを使い切るごとに自信につながっていく。また、章や分野ごとにキッチンタイマーで勉強時間を設定。時間が来たら途中でもそこで終了し、次の章へと移る。好きな分野は長く設定し、苦手な部分は時間を短くしてやる気をキープする。

(2)友人を作る・他人から刺激を受ける

　　友人と一緒に勉強し、問題を出し合うなど切磋琢磨する。一緒に
　息抜きの時間を作るのもいい。またTwitterやSNSでどれだけ勉強
　するかを宣言してから始めたり、人の勉強している書き込みを見て
　やる気を出す。

(3)勉強の内容によって場所を変える

　　通勤中は暗記に取り組み、リビングでは実際の試験会場をイメージ
　し、周囲に人がいる環境で過去問題を解く。場所を変えることによって、
　勉強内容や気分をすぐに切り替えることができ、飽きずに進められる。

(4)小さな目標で実力をチェック

　　その日学んだことを復習する時間、翌日には類題を解く時間を設け
　て、きちんと身についているか再確認する。また、「一日何個を暗記」
　などの小目標を作る。小さな目標を達成していくことで、自信につな
　げる。

(5)やさしいものから始める

　　最初のステップを完成させることが肝心。簡単な問題を繰り返し解き、
　「ここはできている、覚えている」と自信をつける。本番では7割取れ
　れば合格するのだ。パーフェクトを狙わず、基礎を固めて合格点を
　取ることを目指そう。

(6)思いきり勉強することでストレス解消する

　　勉強がストレスになると考えがちだが、しっかり勉強できていないと
　感じることもストレスになる。時間がとれる時には、むしろ目いっぱい
　勉強をしてみると、勉強していない負い目から解放され、ストレスも
　解消する。

(7)自分を疑わない

　　「ダメかもしれない」と考えると脳がブレーキをかけてしまう。そう
　考えそうになったらすぐに「絶対にできる」と3回以上大声で叫び、マイ
　ナス思考をストップさせる。初めてのレストランや美容院に行った
　時に3度目からは慣れてくつろげるように、脳は3回繰り返すと安心する
　のだ。それでも悪い方に考えそうになったら「ダメ元でいいから受験
　する！　とにかく諦めない！」と開き直ろう！　気持ちが楽になるはず。

(8)「短期的なご褒美」と「長期的なご褒美」を与える

　　スケジュール表の中からやり終えた部分をマーカーで消して充実感
　　を得る、決まった時間まで勉強したらスイーツを食べるなどの
　　短期的なものと、小テストで満点を取ったら映画を観に行く、一次試験
　　が終わったら旅行に行くなどの中・長期的なご褒美を用意しておく。

(9)合格した後のイメージを具体的に想像する

　　レストランで好みのワインをスマートに選びたい、仕事で必要な知識
　　を自分の言葉で話せるようになりたいなど、具体的・詳細にイメージ
　　する。そのために今頑張ろうという気持ちがアップする。

(10)「本物」を体験し、自分自身を鼓舞する

　　レストランに行ってソムリエと話しプロの知識やサービスに触れる、
　　ワインエキスパートの資格を取って活躍している先輩の話を聞く
　　など、ワインの世界で輝いている人に会い目標にすることで、やる気を
　　一気に高めることができる。

2020年版からアカデミー・デュ・ヴァンで同僚の講師 紫貴 あき先生(プロ
フィール下記参照)が特別協力(多数寄稿)してくださいました。紫貴先生
に深く感謝致します。

◎本書で紹介した「ゴロ合わせ」をヒントに「自分流の暗記法」を工夫
　なさって、あなたが見事に合格されることをお祈り致します。

2020年3月

矢野　恒

紫貴　あき(しだか あき) ──────────

慶應義塾大学法学部法律学科卒業
日本ソムリエ協会認定シニアソムリエ
国際ソムリエ協会認定ソムリエ
WSET® Level4 Diploma
WSET® Certified Educator
Court de Master Sommelier Certified
米国ワインエデュケータ協会認定CWE
2008年 オーストリアコンクール優勝
2010年 WSET® スカラシップ受賞
2016年 日本ソムリエ協会ワインアドバイザーコンクール優勝
2018年 第2回ボルドー＆ボルドー・スーペリュール・コンクール3位

C O N T E N T S

凡 例
(仏):フランス語 (英):英語 (伊):イタリア語 (独):ドイツ語
(西):スペイン (葡):ポルトガル (墺):オーストリア
(米):アメリカ (豪):オーストラリア

アルコール発酵の化学式を提唱した人物、酵母による発酵メカニズムを解明した人物

化学繊維のリュック、
化学式　　　　　　　　リュサック

公募はパス。
酵母　　　パストゥール

公募は
パス

化学繊維

答え

アルコール発酵の化学式を提唱した人物：ゲイリュサック／
酵母による発酵メカニズムを解明した人物：パストゥール

ワイン酵母の学名

ワイン酵母
ワイン酵母

作家のミセスはセレブ「シェー!」
サッカロミセス・セレヴィシエ

お茶でも
いかが？

!?

酵母

答え

サッカロミセス・セレヴィシエ

ブドウ由来の酸（元々入っている酸）

元々、酒席でリンゴは
<small>ブドウ由来の酸 酒石酸 リンゴ酸</small>

食えん！
<small>クエン酸</small>

答え
酒石酸、リンゴ酸、クエン酸

発酵によって生成される酸

発酵してコハク色になった
<small>発酵によって生成される酸 コハク酸</small>

お酢の様な牛乳。
<small>酢酸 乳酸</small>

答え
コハク酸、酢酸（さくさん）、乳酸

貴腐ワインに含まれる酸

貴いお腹が
<small>貴腐ワイン</small>

グルグル鳴って
<small>グルコン酸</small>

ガラクタになる。
<small>ガラクチュロン酸</small>

答え
グルコン酸、ガラクチュロン酸

一般的なワインの通常pH（水素イオン指数）

ワインは酸が豊富で
酸 3/3

pH値は3前後。
pH値は3前後

肉サロンではワインを飲もう！
2.9　　　3.6

答え
pH2.9〜pH3.6

ヨーロッパ系ブドウ品種の名称

欧州のワイン好きは
ヨーロッパ系　　ワイン用ブドウ

ヴィニフェラ好き。
ヴィティス・ヴィニフェラ

答え
ヴィティス・ヴィニフェラ

アメリカ系生食用ブドウ品種の名称

アメリカ人の生食行為は
アメリカ系　　生食用ブドウ

love 留守か？
（略）ラブルスカ

答え
ヴィティス・ラブルスカ

アメリカ系台木用ブドウ品種の名称

台木嫌いの害虫を食べる
フィロキセラ　　　　　　　　(略)**ベル**ランディエリ

立派な(アメリカ人)
(略)リパリア　　　アメリカ系

ルンペン(とリス)。
　　　(略)ルペストリス

答え

ヴィティス・ベルランディエリ、ヴィティス・リパリア、ヴィティス・ルペストリス

アジア系ブドウ原品種の代表例

アジアの歌姫は、
アジア系ブドウ品種

安室奈美恵。
(略)アムレンシス

答え

ヴィティス・アムレンシス

ブドウの果粒中で最も色素を多く含む所、最も糖度が高い所、最もポリフェノールを多く含む所、最も酸が高い所

甘くて真っ赤な面の皮。
甘い　　　最も色素が多い　　　果皮

渋くて酸っぱい
ポリフェノール豊富　　酸が高い

種と種。
種・種の間

答え

ブドウの果粒中で最も色素を多く含む所：果皮(黒ブドウ)／
最も糖度が高い所：果皮の内側／最もポリフェノールを
多く含む所：種／最も酸が高い所：種の間

栽培に適する条件(温度、該当するゾーン、日照時間、降雨量、土地の傾斜、土壌など)

温度重要、二重丸。ワインは16℃まで
年間平均温度　10℃　　20℃　　ワイン用ブドウ　16℃まで

が旨い。

北半球も南半球も最高!
北半球も南半球も緯度30〜50度

日照いい線でいこう! 雨水ゴックン。
日照量　1,000〜1,500時間　　降雨量　500〜900mm

傾いているが、痩せてドライな奴が
傾斜地　　　　痩せた土壌　　水はけのよい土地

いい。
適する

答え
年間平均温度:10〜20℃、ただしワイン用ブドウは10〜16℃。北半球で北緯30〜50度、南半球で南緯30〜50度のゾーンが該当
日照時間:生育期間で1,000〜1,500時間
年間降雨量:500〜900mm
礫質土壌の傾斜地、痩せた土壌、水はけのよい土地が適する。

ブドウの病害虫

ウドンコ病の発生年、対応策、ウドンコ病の仏語

イオウ入りウドンを食べに
硫黄　　　　　　ウドンコ病

GO! GO!! おいで〜。
5   5
1855年〜1856年　　オイディウム

答え

発生年：1855〜1856年、対応策：硫黄散布、仏語：
Oïdiumオイディウム

ベト病の発生年、対応策、ベト病の仏語

ベットリした嫌な奴は
　ベト病　　　18 7 8　　　1878年

ボルドーで見るで〜。
　ボルドー液　　　ミルデュ

答え

発生年：1878〜1880年、対応策：ボルドー液散布、仏語
：Mildiouミルデュ

灰色カビ病の対応策

プロのジオンは
　　イプロジオン（略）

灰色疑惑。
灰色カビ病

答え

イプロジオン水和剤散布

灰色カビ病の原因菌であり、貴腐ブドウの原因菌でもあるもの

「辺で死ね!」と言われ、
_{ホトリ}
ボトリティス・シネレア

グレーな気分。
_{き ぶん}
灰色カビ病　貴腐ブドウ

答え

ボトリティス・シネレア

晩腐病の対応策

晩に腐った和食弁当
晩腐病　日本の病害 ベンレート(略)
　　　　被害中最大

(食うなよ!)。

答え

ベンレート水和剤散布(晩腐病は日本の病害被害中最大)

主なブドウの病気・害虫 発生順

ウドンに油を入れたら
_{アブラ}
ウドンコ病　フィロキセラ
　　　　　　(**アブラ**ムシの一種)

ベトベトになった。
ベト病

答え

1850年代:ウドンコ病、1860年代:フィロキセラ、1870年代:ベト病

ウイルス病の具体名

ウイルス病で（ヤケになり）、**葉巻を**
ウイルス病　　　　　　　　　　　ブドウリーフロール（葉巻病）

吸って、フレックス（タイム）**で**
　　　　フレック

飛行機出勤し、
ヒコーキ
コーキーバーク

最近ピアス付けた。
細菌　　ピアス病

答え

ブドウリーフロール（葉巻病）、フレック、コーキーバーク、
ピアス病（細菌による病害）

フィロキセラの発生年、対応策

　　　　　　　　　　　　　　1 8 6 3
フィロキセラはイヤ虫さん。
フィロキセラ　　　　1863年

次々出てくる～！
つぎき
接木

答え

発生年：1863年～19世紀末、対応策：接木

ブドウの生理障害

coulureクリュールの意味、現象

花が狂って花振い。
クリュール　　花振い

果粒が落下(してしまう)。
果粒が多く落下

【答え】

花振い：受粉・結実が悪く、果粒が極めて多く落下し、
果房につく果粒が極端に少なくなってしまうこと。

ワイン醸造

除梗の仏語、破砕の仏語

女工が作ったえぐいラッパは、
除梗　　　　　　　エグラパージュ

破砕すべき腐乱物じゃ!
破砕　　　　　フーラージュ

【答え】

除梗：égrappageエグラパージュ／破砕：foulageフーラージュ

補糖の仏語

「酒類飲料概論」のチャプター
chapter
chaptalisation
シャプタリザシオン

疲れるから、糖分補おう!
補糖

【答え】

chaptalisationシャプタリザシオン

ピジャージュとルモンタージュの違い

ピッチャー突き崩し、
ビジャージュ　　　　　　果帽を突き崩す

モンタージュふりかける。
ルモンタージュ　　　　　液体をふりかける

答え

pigeageピジャージュ：櫂棒などで果帽を突き崩し、液体中に沈める方法／remontageルモンタージュ：タンク下から液体を抜いて、果帽の上からふりかける方法

補填の仏語

「おでん補填しますか？」
　　　補填　　補填

「ウィ！」
ウイヤージュ

答え

ouillageウイヤージュ

澤引きの仏語

織姫は
澤引き

（元）スッチーさん。
スティラージュ

答え

soutirageスティラージュ

清澄の仏語

こらっ！（濁っているから）
コラージュ

清澄しろ!!
清澄

答え

collageコラージュ

コラージュのための清澄剤の具体例

こらっ！
コラージュ

痰に効く「卵白ゼリー
タンニン　　　　卵白　　ゼラチン

弁当」食べないと！
ベントナイト

答え

タンニン、卵白、ゼラチン、ベントナイト

赤ワイン醸造独自の技術

ませたピッチャー、モンタージュ写真で
マセラシオン　　ピジャージュ　　　　ルモンタージュ

赤面し、事前に冷やした
赤ワイン用語　　　　プレ(略)コールド(略)

ミクロ炭酸ショーを
ミクロ(略)　(略)カルボニック　(略)ショー

見に行った。

答え

macérationマセラシオン、 pigeageピジャージュ、 remontageルモンタージュ、 prefermentation cold macerationプレファーメンテーション・コールド・マセレーション、micro-oxygénationミクロ・オキシジェナシオン、 macération carboniqueマセラシオン・カルボニック、macération à chaudマセラシオン・ア・ショー

マセラシオン・カルボニック(MC)とは何か

房ごとカルボニック?
除梗も破砕も　　マセラシオン・カルボニック
しないで房ごと

メルシー!
MC

答え

マセラシオン・カルボニック(MC)：黒ブドウを除梗も破砕もしないで房ごと密閉タンクに投入し、炭酸ガス気流中に数日置く方法

macération-à-chaudマセラシオン・ア・ショーとは何か

熱くて
加熱

アチョーッ!
(略)ア・ショー

答え

macération à chaudマセラシオン・ア・ショー：黒ブドウを摂氏80度の蒸気で30分加熱し、色素抽出を重点的に行う醸造方法

débourbageデブルバージュとは何か

デブ!
デブルバージュ

不純(な心)を沈めよ!!
(果汁中の)不純物を沈殿させること

答え

débourbageデブルバージュ：果汁を低温で静置し、不純物を沈殿させ除去する作業

白ワイン醸造独自の技術

色白デブに
白ワイン用語　デブルバージュ

スキンコンタクトして
　　　スキン・コンタクト

バトンタッチ。
　　　バトナージュ

答え

débourbageデブルバージュ、skin contactスキン・コンタクト、
bâtonnageバトナージュ

ロゼワインの醸造法のうち、saignéeセニエ法とは何か

背に絵バラを彫るので
　セニエ　　ロゼ

しゃけつ
瀉血します！
液体を一部引き抜く

‖補足　瀉血：治療の目的で、患者の静脈から血液の一部を体外に引き抜くこと。

答え

saignéeセニエ法：ロゼワインの醸造法のうち、赤ワイン
同様に醸造を開始し、アルコール発酵中ほどよく色づいた
タイミングで液体を抜き取り、発酵を継続させる方法

品種　別名(synonymeシノニム)、交配品種

赤字：重要

黒ブドウ	別名・交配品種	別　名	ゴロ合わせ・備考
Alicante Bouschetアリカンテ・ブーシェ(南仏)	Garnacha Tintoreraガルナッチャ・ティントレラ(西)		teinturiersタンテュリエ(赤い果実のブドウ)
Blaufränkischブラウフレンキッシュ(墺)	Limbergerリンバーガー(独)＝Lembergerレンバーガー(米)	Kékfrankosケークフランコシュ(ハンガリー)	
Cabernet Francカベルネ・フラン(ロワール、ボルドー)	Bouchetブーシェ(サン・テミリオン、ポムロール)	Bretonブルトン(ロワール)	一心不乱にBB。
Carignanカリニャン(南仏)	Cariñenaカリニェナ(西)	Mazueloマスエロ(西)＝Samsóサムソ(西)	マスエロなんか借りねーな。
Cinsautサンソー(南仏)	Cinsaultサンソー(南仏)		発音が同じ。
Dominaドミナ(独)	Portugieserポルトギーザー×Spätburgunderシュペートブルグンダー		ポルトで(酔い)ドミノ倒し。収穫時に落下しやすいというPortugieserの欠点を改良した交配品種。
Dornfelderドルンフェルダー(独)	Helfensteinerヘルフェンシュタイナー×Heroldrebeヘロルドレーベ		teinturiersタンテュリエ(赤い果実のブドウ)「ドルンは果肉まで赤いよ」「へ～!へ～!!」
Grenache Noirグルナッシュ・ノワール(南仏)	Garnacha Tintaガルナッチャ・ティンタ(西)		
Grolleauグロロー(ロワール)	Groslotグロスロ(ロワール)		
Malbecマルベック(仏)	Côt＝Cotコット(仏)	Auxerroisオーセロワ(カオール)	薫ちゃん、オセロはなるべくするコト!
Mourvèdreムールヴェドル(南仏)	Monastrellモナストレル(西)	Mataroマタロ(豪・カリフォルニア)	頭文字はいずれもM。ムール貝を皆捨てるんだって?　待ってろ!
Nebbioloネッビオーロ(伊)	Spannaスパンナ(ガッティナーラ)	Chiavennascaキアヴェンナスカ(ヴァルテリーナ)Picotendroピコテンドロ＝Picoutenerピクトゥネール(ヴァッレ・ダオスタ)	「ピーコックのネッビオーロはスパンが長い」は詭弁ですか?
Meunierムニエ(シャンパーニュ)	Schwarzrieslingシュヴァルツリースリング(独)	Müllerrebeミュラーレーベ(独)	ムニエル料理はシュワルツネッガーにやらせよう。作るところ、見られるべ。Schwarz(独)：黒
Pinot Noirピノ・ノワール＝Gros Noirienグロ・ノワリアン(仏)	Spätburgunderシュペートブルグンダー＝Blauburgunderブラウブルグンダー＝Blauer Burgunderブラウアー・ブルグンダー(独)		Noir(仏)：黒いBlau(独)：青/Blauer：青い
Pinotageピノタージュ(南ア)	Pinot Noir×Cinsautサンソー		モンタージュ写真は山荘で作ろう。
Poulsardプルサール(ジュラ)	Ploussardプルサール(ジュラ)		発音が同じ。
Regentレゲント(独)	(Silvanerシルヴァーナー×Müller-Thurgauミュラー・トゥルガウ)×Chambourcinシャンブールサン		
RubyCabernetルビー・カベルネ(カリフォルニア)	Cabernet Sauvignon×Carignan		ルビーの壁は借りもんにゃん!
Sangioveseサンジョヴェーゼ(伊)	Nielluccioニエルキオ(コルス)		三條(大橋)は煮える木を(使っている)。

【Chapter 1 酒類飲料概論1 〈ワイン概論〉】

黒ブドウ	別名・交配品種	別　　　名	ゴロ合わせ・備考
Syrahｼﾗｰ=Sérineｾﾘｰﾇ（南仏）	Shirazｼﾗｰｽﾞ（豪）		セリーヌは知らない。
Tempranilloﾃﾝﾌﾟﾗﾆｰﾘｮ=Cencibelｾﾝｽｨﾍﾞﾙ=Ull de Llebreｳﾙ・ﾃﾞ・ﾘｪﾌﾞﾚ=Ojo de Llebreｵﾎ・ﾘｪﾌﾞﾚ=Tinto Finoﾃｨﾝﾄ・ﾌｨﾉ=Tinto del Pais ﾃｨﾝﾄ・ﾃﾞﾙ・ﾊﾟｲｽ=Tinta de Toroﾃｨﾝﾀ・ﾃﾞ・ﾄﾛ=Tinto de Madrid ﾃｨﾝﾄ・ﾃﾞ・ﾏﾄﾞﾘｯﾄﾞ（西）	Tinta Rorizﾃｨﾝﾀ・ﾛﾘｽ（葡）		Ull de Llebreｳﾙ・ﾃﾞ・ﾘｪﾌﾞﾚとは「野兎の目」という意味。
Trousseauﾄﾙｿｰ（ジュラ）	Tressotﾄﾚｯｿ（ブルゴーニュ）		頭文字Tr、ssが共通。発音もほぼ同じ。
Zinfandelｼﾞﾝﾌｧﾝﾃﾞﾙ（カリフォルニア）	Primitivoﾌﾟﾘﾐﾃｨｰｳﾞｫ（南伊プーリア）		カリフォルニアのジンはイタリアでプルミエ(NO1)!

白ブドウ	別名・交配品種	別　　　名	ゴロ合わせ・備考
Arboisｱﾙﾎﾞﾜ（ロワール）	Menu Pineauﾑﾆｭｰ・ﾋﾟﾉｰ（ロワール）	Petit Pineauﾌﾟﾃｨ・ﾋﾟﾉｰ（ロワール）	白いピノのメニュー、あるわ(よ)!
Bacchusﾊﾞｯｶｰｽ（独）	(Silvaner×Riesling)×Müller-Thurgauﾐｭﾗｰ・ﾄｩﾙｶﾞｳ		バッカスは尻をミラーで見る。（別バージョン）バスで、銀リスがミラーに映った。
Bourboulencﾌﾞｰﾙﾌﾞｰﾗﾝ（南仏）	Malvoisie de Languedocﾏﾙｳﾞｫﾜｼﾞ・ﾄﾞ・ﾗﾝｸﾞﾄﾞｯｸ		ラングドックで丸ちゃん、ブラブラゴルフ。
Chardonnayｼｬﾙﾄﾞﾈ（ブルゴーニュ、他）	Melon d'Arboisﾒﾛﾝ・ﾀﾞﾙﾎﾞﾜ（ジュラ）		アルボワのメロンにはシャルドネが合う。
Chaselasｼｬｽﾗ（アルザス、サヴォワ、ブイィ・スュル・ロワール、スイス）	Gutedelｸﾞｰﾃﾃﾞﾙ（独）		良いエーデルワイスを写す。
Chenin Blancｼｭﾅﾝ・ﾌﾞﾗﾝ（ロワール）	Pineau de la Loireﾋﾟﾉｰ・ﾄﾞ・ﾗ・ﾛﾜｰﾙ（ロワール）		ロワールのピノ飲んで酒乱ブラン。
Crouchenｸﾙｼｪﾝ（豪・南ア）=Cruchenｸﾘｭｼｪﾝ（南ア）	Cape Rieslingｹｰﾌﾟ・ﾘｰｽﾘﾝｸﾞ（南ア）	Paarl Rieslingﾊﾟｰﾙ・ﾘｰｽﾘﾝｸﾞ（南ア）	ケープタウンやパールでは、昔アパルトヘイトで苦しんだ。
Emerald Rieslingｴﾒﾗﾙﾄﾞ・ﾘｰｽﾘﾝｸﾞ（カリフォルニア）	Muscadelleﾐｭｽｶﾃﾞﾙ×Riesling		エメラルドのリングは高くて、目が出るリング!
Folle Blancheﾌｫｰﾙ・ﾌﾞﾗﾝｼｭ（ロワール）	Gros Plantｸﾞﾛ・ﾌﾟﾗﾝ（ロワール）		白い滝に流されないのは、太った苗。
Gewürztraminerｹﾞｳﾞｭﾙﾂﾄﾗﾐﾈﾙ（アルザス）	Traminerﾄﾗﾐﾈﾙ（アルザス）		
Grenache Blancｸﾞﾙﾅｯｼｭ・ﾌﾞﾗﾝ（南仏）	Garnacha Blancaｶﾞﾙﾅｯﾁｬ・ﾌﾞﾗﾝｶ（西）		
Kernerｹﾙﾅｰ（独）	Trollingerﾄﾛﾘﾝｶﾞｰ×Riesling		とろいリスを蹴るな!
Maccabeu = Macabeuﾏｶﾞﾌﾞｰ（南仏）	Macabeoﾏｶﾍﾞｵ（西）	Viuraﾋﾞｳﾗ（西）	真壁を三浦(に紹介)。
Malvasiaﾏﾙｳﾞｧｼﾞｰｱ（伊・葡）	Malvoisieﾏﾙｳﾞｫﾜｼﾞ（南仏）	Malmseyﾏﾙﾑｼﾞｰ（英）	

白ブドウ	別名・交配品種	別　名	ゴロ合わせ・備考
Müller-Thurgau ミュラー・トゥルガウ(独)	Riesling × Madeleine Royale	Rivanerリヴァーナー(独)	ミュラーのリスがマドレーヌ食った。
Muscadetミュスカデ(ロワール)	Melon de Bourgogne ムロン・ド・ブルゴーニュ(ロワール)		ミュスカデは無論ブルゴーニュか らやって来た。
Pinot Blancピノ・ブラン(仏) =Pinot Biancoピノ・ビアンコ (伊)	Klevner=Clevner クレヴネル(独)	Weißburgunderヴァイスブ ルグンダー=Weißer Burgunder ヴァイサー・ブルグンダー(独)	プレイボーイがクラブで寝るのは、 素人だ! Weiß(独):白/Weißer:白い
Pinot Grisピノ・グリ(仏) =Pinot Grigioピノ・グリージォ (伊) =Tokay d'Alsaceトケ・ダルザ ス(仏)	Ruländerルーレンダー =Grauburgunderグラウブル グンダー(独)	Szürkebarátスルケバラート (ハンガリー)	Gris (仏)=Grau(独)=灰色 (グレー)
Rieslingリースリング (アルザス、独)	Rhein Rieslingライン・リースリ ング=Weisser Rieslingヴァイ サー・リースリング(独)	Johannisberg Rieslingヨ ハニスベルク・リースリング(カリフォル ニア) =White Rieslingホワイト・リー スリング(カリフォルニア)	ラインとヨハンのリスは本物。
Riesling Italicoリースリング・イ タリコ=Italian Rieslingイタリ アン・リースリング(墺)	Welschrieslingヴェルシュリー スリング(墺)=Olaszriesling オラスリズリング(ハンガリー)	Grey Rieslingグレイ・リースリン グ(カリフォルニア)	
Roussetteルーセット(サヴォワ)	Altesseアルテス(サヴォワ)		サヴォワに白いルーレット、アルデ スか?
Savagninサヴァニャン(ジュラ)	Naturéナテュレ(ジュラ)		ヴァン・ジョーヌに合うのは天然の 鯖にゃ!
Scheurebeショイレーベ(独)	Silvaner × Riesling		少尉はシルバーリングをはめている。
Sylvanerシルヴァネール(仏)	Silvanerシルヴァーナー(独)		
Ugni Blancユニ・ブラン(仏)	Saint-Émilionサン・テミリオン (仏)	Trebbianoトレッビアーノ(伊)	ユニークなサン・テミリオンはトレビ アン!
Vermentinoヴェルマンティーノ (南仏)	Malvoisie de Corse (コルス)	Rolleロール(プロヴァンス)	そのベルマンはコルシカ島の丸坊 主でもあり、頭を丸めてる。

ケルナーは何種と何種の交配種か

とろいリスを
トロリンガー　リースリング

蹴るな!
ケルナー

とろいリスを蹴るな!

答え

Kernerケルナー=Trollingerトロリンガー×Rieslingリースリング

バッフースは何種と何種の交配種か

バッカスは尻を
Bacchus　シルヴァーナー、
リースリング
ミラーで見る。
ミュラー・トゥルガウ

尻をミラーで
見る

補足　バッカスBacchus：ローマ神話における酒の神様。ドイツ語読みでバッフース。

答え

Bacchusバッフース＝（Silvanerシルヴァーナー×Rieslingリースリング）
×Müller-Thurgauミュラー・トゥルガウ

ピノ・ブランの別名

プレイボーイがクラブで寝るのは、
P̲lay B̲oy
P̲inot B̲lanc、P̲inot B̲ianco　　　　　　クレヴネル
シ ロ ウ ト
素人だ！
白ブドウ、Blanc、Bianco、Weiß

素人だ！

答え

Pinot Biancoピノ・ビアンコ（伊）、 Klevnerクレヴネル（独）、
Weißburgunderヴァイスブルグンダー（独）

ワイン以外の酒類
ビール

ドイツで「ビール純粋令」が制定された年

以後、ビールは麦芽、ホップ、
1516年　　　　　　　麦芽　　ホップ

水だけよ。
水

答え
ドイツで「ビール純粋令」が制定されたのは1516年。

1800年代のビール3大発明は何か

低温殺菌法は美酒のルール。
低温殺菌法　　　　　　　(18)66年

リンデは立派な身分。
リンデ　　　(1)873年

ハンセンのおかげでビバ! 晩餐。
ハンセン　　　　　　　1883年

答え
1866年　ルイ・パストゥールが低温殺菌法を発明
1873年　リンデがアンモニア冷凍機を発明
1883年　ハンセンが酵母の純粋培養法を発明

上面発酵ビール、下面発酵ビールそれぞれの発酵温度

上面は常温、下面は低温。
<u>上面発酵</u>　　<u>常温</u>　　<u>下面発酵</u>　　<u>低温</u>

答え

上面発酵ビールは常温で発酵、下面発酵ビールは低温で長期発酵

爽快な風味の淡色ビールで、日本を含め世界中で最も普及しているビールのタイプ。それは上面発酵ビール、下面発酵ビールのいずれか。その発祥地

日本のビールはピールスナーで
<u>日本の多くのビールのタイプ</u>　　　　　<u>ピルスナー</u>

（味はドイツビールより）下。 チェッ！
<u>下面発酵</u>　　<u>チェコ</u>

答え

タイプ：ピルスナー、下面発酵ビール
発祥地：チェコ、日本の多くの淡色ビールもピルスナー

世界の主なビール（ピルスナー以外）、それぞれの特記事項

僕はI。
ボック　アインベック

イギリスにエール(=声援)**を送ろう。**
イギリス　　　　エール

デュッセルドルフをアルトで走ろう。
デュッセルドルフ　　　　アルト

小麦はドイツ語でバイツェン。
小麦麦芽を使用　ドイツ　　　　　バイツェン

ベルギーのトラピスト修道院。
ベルギー　　　トラピスト　修道院で造られていた

ギネスはスタウト。イギリス発祥。
ギネスが代表　スタウト　　　イギリス発祥

ベルギーの麦芽は
ベルギー　大麦麦芽・小麦麦芽を使用

乱ビッグ(ビッグが乱れて小も使用)**。**
ランビック　大麦麦芽　　小麦

補足 アルト：スズキの軽自動車。

答え
ボック：ドイツのアインベック発祥／エール：イギリスで発展／アルト：デュッセルドルフで発展／バイツェン：小麦（ドイツ語で「バイツェン」）麦芽を使用。ドイツ・バイエルン地方で発展／トラピスト：ベルギー発祥。修道院で造られていた／スタウト：イギリス発祥。アイルランドの「ギネス」が代表／ランビック：ベルギー発祥。大麦麦芽・小麦を使用

下面発酵で造られるビール

ボクはビールを舌で味わう。
　ボック　　ピルスナー　　下面発酵

答え

ボック、ピルスナー

ウイスキー

世界のウイスキー、それぞれの特徴

少っちピート。 愛は突飛。
スコッチ　　ピート香　　アイリッシュ　ピートの逆読み：
　　　　　　　　　　　　　　　　　　ピート香がない

バーボン党もタルタル好き。
　バーボン　　トウモロコシ　力強い樽香

カナダは軽い。 日本は織田バラ子。
カナディアン　軽い　　ジャパニーズ　華やか　穏やか　バランスよい　コクがある

答え

スコッチ：ピート(草炭)煙からのスモーキー香。一般的に「ピート香」と呼ぶ／アイリッシュ：ピート香がない／バーボン：トウモロコシが主原料(51％以上)。力強い樽香／カナディアン：軽い／ジャパニーズ：華やかな香り、穏やかな香味、バランスよく、コクがある

ブドウが原料のブランデー

Cognacコニャックの生産地区（最上級から並質へ）

コニャックの大小ボルドーファンは

<small>(仏)grande　(仏)petite　ボルドリ　　ファン・ボワ</small>

良い子だが平凡だって。

<small>(仏)bon：Bons Bois　(仏)ordinaire：Bois Ordinaires　(略)テロワール</small>

（答え）

Grande Champagneグランド・シャンパーニュ、Petite Champagne
プティット・シャンパーニュ、Borderiesボルドリ、Fins Boisファン・ボワ、
Bons Boisボン・ボワ、Bois Ordinairesボワ・オルディネール、Bois
à Terroirsボワ・ア・テロワール

コニャックの生産地区の中で面積最大なのはどこか

コニャックのファン層は

<small>コニャック　　　　　ファン・ボワ</small>

幅広い。

<small>面積最大</small>

コニャックの
ファンです！

（答え）

Fins Boisファン・ボワ

Fine Champagneフィーヌ・シャンパーニュとは何か

コニャックのフィーヌは大小のみ。

<small>コニャック　　　　　フィーヌ・　　grande petite
　　　　　　　　　　　シャンパーニュ</small>

（答え）

Grande Champagne50%以上、残りPetite Cham-
pagneのブレンド

Armagnacアルマニャックの生産地区（最上級から並質へ）

アルマニャックの品質はなんとBasが最上、

バ

言葉の意味と異なる（仏語で低い・下級の）：Bas-Armagnac

テナーが中間で、Hautが最低。

オー

テナレーズ　　　　　　（仏語で高い・高級な）：Haut-Armagnac

【答え】
Bas-Armagnacバ・ザルマニャック、 Ténarèzeテナレーズ、 Haut-Armagnacオー・タルマニャック

コニャック、アルマニャックの主要品種

ブランデー飲み過ぎて、ユニコーンが

コニャック、アルマニャック　　　　　　　　（一角獣）：ユニ・ブラン

サン・テミリオンで

ユニ・ブランの別名

落ちたり転んだり。

（英）fallフォール：　コロンバール
フォール・ブランシュ

【補足】1999年世界文化遺産に指定された中世の街並みが残るサン・テミリオンは丘になっていて、急勾配の石畳の坂が多く、実際転び易い。

【答え】
Ugni Blancユニ・ブラン＝Saint-Émilionサン・テミリオン、 Folle Blancheフォール・ブランシュ、 Colombardコロンバール

ブドウ以外が原料のブランデー

Calvados du Pays d'Auge、Calvados Domfrontais の熟成期間

カルヴァドス叔父は2年、
カルヴァドス　　（略）オージュ　　2年

ドンは3年。
（略）ドンフロンテ　3年

答え

Calvados du Pays d'Augeカルヴァドス・デュ・ペイ・ドージュ：2年以上、
Calvados Domfrontaisカルヴァドス・ドンフロンテ：3年以上

コニャック、アルマニャック、カルヴァドスの蒸留期間

コニャック、アルマニャックは
コニャック　　　　　　　　　アルマニャック

下期末まで。カルヴァドスは
3月31日まで　　　　　　　カルヴァドス

上期末まで。
9月30日まで

| 3月 March 2020 Cognac,Armagnac | | | | | | |
S	M	T	W	T	F	S
					31	

| 9月 September 2020 Calvados | | | | | | |
S	M	T	W	T	F	S
						30

答え

コニャック＆アルマニャック：収穫翌年の3月31日まで
カルヴァドス：収穫翌年の9月30日まで

ピノー・デ・シャラント、フロック・ド・ガスコーニュ、ポモー・ド・ノルマンディー、ポモー・ド・ブルターニュのアルコール度数

イチロー、にんにく食べてシャラント
16度　　22度　　（略）シャラント

飲んだ。その他の飲み物、
その他のV.D.L.など

イチロー嫌！
16度　18度

他のは嫌！
モグ
ゴクッ
シャラント

答え

ピノー・デ・シャラント：16〜22度、フロック・ド・ガスコーニュ：16〜18度、ポモー・ド・ノルマンディー：16〜18度、ポモー・ド・ブルターニュ：16〜18度

オー・ド・ヴィー・ド・フリュイ

> Eau-de-Vie de Ceriseオー・ド・ヴィー・ド・スリーズ、Eau-de-Vie de Poire Williamsオー・ド・ヴィー・ド・ポワール・ウィリアム、Eau-de-Vie de Pruneオー・ド・ヴィー・ド・プリュヌ、Eau-de-Vie de Framboiseオー・ド・ヴィー・ド・フランボワーズ、Eau-de-Vie de Mirabelleオー・ド・ヴィー・ド・ミラベル、Eau-de-Vie de Quetscheオー・ド・ヴィー・ド・クウェッチュ
> それぞれの原料名

サクランボをするスリはボンクラさ。
さくらんぼ　　　　　　　スリーズ　　　さくらんぼ

別バージョン

サクラの中にスリが居る！
さくらんぼ　　　スリーズ

（ポワ～っとした）ウィリアム君には用無し。
ポワール・ウィリアム　　　　　　洋梨

相撲力士（の肉体）はプリプリ。
すもも　　　　　　　　　プリュヌ

季語はフラワー。
きいちご　フランボワーズ

黄色いミラー。
黄色プラム　ミラベル

紫食う。
紫色プラム　クウェッチュ

答え

（略）Ceriseスリーズ：さくらんぼ／（略）Poire Williamsポワール・ウィリアム：洋梨／（略）Pruneプリュヌ：すもも＝プラム／（略）Framboiseフランボワーズ：きいちご（木苺）＝（英）Raspberryラズベリー／（略）Mirabelleミラベル：黄色プラム／（略）Quetscheクウェッチュ：紫色プラム

ジンの一種シュタインヘーガーの原料、生産国

（昆虫の）**死体へ蛾が**（群がって）
シュタインヘーガー

いるのを、12時まで寝ずに
ジュニ　　　　　ジュニパーベリー　　杜松の実

見てるのはどいつだ？
ドイツ

答え
原料：ジュニパーベリー（杜松の実）／生産国：ドイツ

ジンの一種ジュネヴァの生産国

「**ジュネーヴに預けたジンは誰のだ？**」
ジュネヴァ　　　　　　　ジン

「**俺んだ！**」
オランダ

答え
オランダ

竜舌蘭から造られるスピリッツの総称

竜の舌をメスで刈る。
竜舌蘭　　　メスカル

‖補足　竜舌蘭の名前の由来：この葉が竜の舌に似ているとされているから。

答え
メスカル

38

ラム

ラム造りにおいて、サトウキビ刈り取り期間の規定

ラムのサトウキビはいい野菜。
ラム　　　　　　サトウキビ　　　　1月1日から8月31日まで

答え

1月1日から8月31日まで

Martiniqueマルティニック、Martinique Vieux マルティニック・ヴューそれぞれの熟成期間

マルティニック市でヴューさんに会った。
マルティニック　　　1年以上　マルティニック・ヴュー 3年以上

答え

マルティニック：1年以上、マルティニック・ヴュー：3年以上

リキュール

クレーム・ド・カシスの糖分含有量

クレーム・ド・カシスは400g/ℓ以上。
400g/ℓ以上

答え

400g/ℓ以上

アブサントの原料

ヨモギ(の会)**は苦いので、**
ニガヨモギ　　ニガ

欠席します！
(仏)absent(e)アブサン(ト)

答え
ニガヨモギ

カラー・アニスの代表的銘柄、その色

黄色のカラーを
黄色　　　カラー・アニス

ペルーの人に贈ろう。
ペルノ

|補足| カラーcalla：花の種類。南アフリカ原産。

答え
Pernodペルノ、黄色

パスティスの代表的銘柄、その色

琥珀色のリカはパス！
琥珀色　　リカール　　パスティス

答え
Ricardリカール、琥珀色

Chartreuseシャルトリューズの原料、アルコール度数

シャルトリューズの遺産はココ。寄れ！

シャルトリューズ　　　　130種の植物　55度　40度
(1 3 0 → 130種の植物、5 5 → 55度、4 0 → 40度)

【答え】

原料の植物は130種、verteヴェルト（緑）のアルコール度数は55度、jauneジョーヌ（黄）のアルコール度数は40度

Chartreuse V.E.P.のアルコール度数

V.E.P.は−1、＋2。

V.E.P.　verteはシャルトリューズの　jauneはシャルトリューズの
　　　　度数の−1度で54度　　　度数の＋2度で42度
（−1：マイナス　＋2：プラス）

補足 V.E.P. : Vieillissement Exceptionnellement Prolongé特別に延長された熟成

【答え】

verteヴェルト（緑）のアルコール度数は54度、jauneジョーヌ（黄）のアルコール度数は42度

Chartreuse Elixirシャルトリューズ・エリクシールのアルコール度数

エリクシールは強過ぎるから、飲まない。

(略)エリクシール　　アルコールが強い　　71度
(7 1 → 71度)

【答え】
71度

Bénédictineベネディクティーヌの原料、ラベル表記のD.O.M.の意味

ベネディクト派は修道院を担う。
ベネディクティーヌ　　　　　　修道院　　　27種

ドムは「至善至高の神に捧ぐ」。
D.O.M.　　　　　　　　D.O.M.の意味

補足 ベネディクティーヌはベネディクト派の修道院（ベネディクティーヌ修道院）で生まれた。J.S.A.教本では「ベネディクティン」と表記されている。

答え
27種の植物。D.O.M.の意味は「至善至高の神に捧ぐ」。

Sambucaサンブーカの主原料

ブブカさんが庭で
サンブーカ　　　　　にわとこの実

棒高跳した。

補足 ブブカ：ウクライナ出身の元棒高跳選手。

答え
にわとこの実

Drambuieドランブイの主原料

ドランブイを少っちくれ！
ドランブイ　　　　スコッチウイスキー

答え
スコッチウイスキー

コワントローの主原料

コワントロー、オレンジの皮は
コワントロー　　　　　　　　　　オレンジ果皮

食わん。とろう！
コワントロー

答え
オレンジ果皮

グラン・マルニエの主原料

グラン・マルニエ、オレンジを
グラン・マルニエ　　　　　　　オレンジ果皮

グラグラ丸煮え。
グラン・マルニエ

答え
オレンジ果皮

Amarettoアマレットの主原料

アマレットはアンズの核。
アンズの核

答え
アンズの核

アドヴォカートの主原料、特徴

アボカドの卵黄のせ、
アドヴォカート　　　　卵黄

医師は当分
140　　　　糖分

1個しか食べない。
150

答え

主原料：卵黄／卵黄：140g／ℓ以上、糖分：150g／ℓ
以上

日本で稼働しているワイナリー数の都道府県別 1位〜3位（2017年）、「日本ワイン」生産量順位

ワイナリー数を梨の道で
ワイナリー数　　　　山梨県 長野県 北海道

数えよう。

答え

1位：山梨県、2位：長野県、3位：北海道
「日本ワイン」生産量順位も同様。

甲州種の由来

行基「こんな良いブドウ、他にないや。」
ぎょうき
行基　　　　　　　甲州　　　　　　　718年

雨宮勘解由
かげゆ
雨宮勘解由

「このブドウ、
甲州

イイヤロ。」
1186年

答え

修行僧行基が大善寺を開き栽培した（718年、大善寺説）
雨宮勘解由が勝沼で栽培開始（1186年、雨宮勘解由説）

日本で最初に本格的なワインが造られた年、造った人

山梨の山田に託して
8 7 4
1874年　　　山田宥教　　　詫間憲久

ワインを初めて造らせた。
ワインを初めて造った

【答え】
1874年に山梨の山田宥教（ひろのり）と詫間憲久（のりひさ）が初めて日本ワインを造った。

日本人がワイン醸造で初めてフランスへ留学した年、留学した人

フランスの土で十分質の
フランスへ　　　土屋竜憲　　明治10年

高いワインを学んだ。
高野正誠　　　ワイン留学した

【答え】
明治10年（1877年）に土屋 助次郎（のちの土屋 龍憲（りゅうけん））と高野正誠（まさなり）がフランスへ留学してブドウ栽培・ワイン醸造を学んだ。

甲州市が「甲州市原産地呼称ワイン認定制度」を
制定した年、国税庁が「山梨」をワイン産地として指定
し、地理的表示「山梨」がスタートした年

父さん、
10　13
2010年、2013年

「甲州市原産地呼称ワイン認定制度」
甲州市原産地呼称ワイン認定制度

と地理的表示「山梨」の
地理的表示「山梨」

ことが載ってるよ！

〔答え〕
甲州市原産地呼称ワイン認定制度：2010年、地理的表
示「山梨」：2013年

甲州、マスカット・ベーリーAがO.I.V.（国際ブドウ・
ブドウ酒機構）のリストに登録された年

父さん、甲州と
10　13
2010年、2013年　　甲州

マスカット・ベーリーAが
マスカット・ベーリーA

O.I.V.に登録されたよ！
O.I.V.に登録された

〔答え〕
甲州：2010年、マスカット・ベーリーA：2013年

Muscat Bailey Aマスカット・ベーリーAは何と何の交配品種か、誰が開発したか

マスカット・ベーリーを川上がひらめいたのは、
マスカット・ベーリーA　　　川上善兵衛　　開発した

very腹減って
ベーリー

マスカットハンバーガー
マスカット・ハンブルグ

食ったとき。

答え

Muscat Bailey Aマスカット・ベーリーA＝Baileyベーリー×Muscat Hamburgマスカット・ハンブルグ　川上善兵衛が開発した交配品種

アキテーヌ公国の侯爵夫人アリエノールがのちに英国王ヘンリー2世となる人物と結婚したのは何年か

いいこになろう
1152年

アリエノール。
アリエノール

補足 アリエノールは歴史に名を残すなかなかの悪女。

(答え)
アリエノールがのちに英国王ヘンリー2世となるアンリ・プランタジュネと結婚したのは1152年。

ワインの歴史に名を残す人物名、開発、害虫(古い事柄から新しい事柄へ)

キリストは「大帝修道院」の
キリスト　　　カール大帝　修道院

ガラス部屋で
ガラス瓶・コルク

病気になったとさ。
ブドウの病気

(答え)
キリスト→カール大帝→修道院→ガラス瓶・コルク→ブドウの病気

フランスにおける黒ブドウ栽培面積（1位〜3位）

フランスの目黒は
フランスにおいて　メグロ／メルログルナッシュ黒ブドウ

知らん！
シラー

答え
（2014／15年）1位：Merlotメルロ、2位：Grenacheグルナッシュ、3位：Syrahシラー

フランスにおける白ブドウ栽培面積（1位〜3位）

フランスで白いユニコーンが
フランスにおいて　白ブドウ　ユニ・ブラン

車窓から（見える）。
シャソウ　シャルドネ、ソーヴィニョン・ブラン

補足 ▶ ユニコーン：一角獣

答え
（2014／15年）1位：Ugni Blancユニ・ブラン、2位：Chardonnayシャルドネ、3位：Sauvignon Blancソーヴィニョン・ブラン

AOC法制定年、AOCの管轄機関名

戦後は居直ってAOC
1935年　I.N.A.O.(イ ナ オ)　AOC

ワインを飲もう！

あはははは

【答え】
1935年。管轄機関名：I.N.A.O.(イナオ)

フランスの位置は北緯何度から何度の間にあるか

詩人も恋するフランス。
42　51　フランスの位置

詩人も恋する
42　51　フランス

【答え】
フランスの位置は北緯42〜51度

シャンパーニュ地方で最も生産量が多い県名

シャンパーニュ中心地には
シャンパーニュ

マルヌ河が流れ、
マルヌ河

マルヌの谷があるからマルヌ県。
ヴァレ・ド・ラ・マルヌ　　　　　　　　　　　　　　マルヌ県

補足 この文章の内容は事実。Rosé des Riceysロゼ・デ・リセイはAubeオーブ県に位置する。

答え
Marneマルヌ県（約80％）

Champagneシャンパーニュの生産可能色

シャンパーニュの栓が
シャンパーニュ

開かない!!
赤がない：白・ロゼ

答え
白・ロゼ

Coteaux Champenoisコトー・シャンプノワの生産可能色、使用可能品種、タイプ

このシャンプーはカラフルで
コトー・シャンプノワ　　　　赤・ロゼ・白すべてある

成分豊かだが、泡立たない!
ピノ・ノワール、ピノ・ムニエ、シャルドネ　泡がないスティル・ワイン
すべて使用OK

答え
生産可能色：赤・ロゼ・白／品種：ピノ・ノワール、ピノ・ムニエ、シャルドネ／タイプ：スティル・ワイン

Rosé des Riceysロゼ・デ・リセイのタイプ、生産可能色、使用可能品種

(彼は)理性ゼロ!
ロゼ・デ・リセイ
(ロゼを逆から読むとゼロ)

いまだにPNに首ったけ!!　ピンクヌードル
(英)still：スティル・ワイン　ピンク：ロゼ　　　　のみ
PN＝ピノ・ノワール

答え
タイプ：スティル・ワイン、生産可能色：ロゼ(ロゼ・デ・リセイがロゼなのは当たり前)、品種：ピノ・ノワールのみ

Montagne de Reimsモンターニュ・ド・ランス地区のグラン・クリュ

アンボネ山でもMLB、

Ambonnay (仏)montagne：Montagne de Reims地区

(メジャー・リーグ・ベースボール)：Mailly & Louvois & Beaumont-sur-Vesle & Bouzy

SVP！

(仏)s'il vous plaît＝お願いしますの略語：Sillery & Verzy & Verzenay & Puisieulx

||補足▶ 「山」が含まれるゴロ合わせはMontagne de Reims地区のことであることは明白。

（答え）

Ambonnayアンボネ、Maillyマイィ、Louvoisルヴォワ、Beaumont-sur-Vesleボーモン・シュール・ヴェール、Bouzyブジ、Silleryシュリ、Verzyヴェルジ、Verzenayヴェルズネ、Puisieulxピュイジュー

Vallée de la Marneヴァレ・ド・ラ・マルヌ地区のグラン・クリュ

マルヌの谷に

(仏)Vallée de la Marne

愛の塔。

Aÿ (仏)tour

||補足▶ 「マルヌの谷」が含まれるゴロ合わせはVallée de la Marne地区のことであることは明白。

（答え）

Aÿアイ、Tours-sur-Marneトゥール・シュール・マルヌ

Côte des Blancsコート・デ・ブラン地区のグラン・クリュ

初級者用

AV見ている叔父さんの目に、白くて
Avize　　　　　　オジェ　　　　メニル(略)　(仏)白=blanc：
Côte des Blancs地区

オイリーなシュークリーム。
Oiry　　　　シュイィ　　Cramant

上級者用

白いAOC。
(仏)blanc：頭文字がAOCのいずれかである
Côte des Blancs地区

補足 上級者用において、Mesnil-sur-OgerはOとする。AmbonnayはMontagne de Reims地区、Aÿ-ChampagneはVallée de la Marne地区なので要注意。/「白」が含まれるゴロ合わせはCôte des Blancs地区のことであることは明白。

答え

Avizeアヴィズ、Ogerオジェ、Le Mesnil-sur-Ogerル・メニル・シュール・オジェ、Oiryワリ、Chouillyシュイィ、Cramantクラマン

グラン・クリュの地区ごとの数

シャンパーニュのグラン・クリュ
シャンパーニュ地方　　　　　　グラン・クリュの数

(を作るのは)、山・谷・丘があって、
(仏)Montagne (仏)Vallée (仏)Côte

急には無理。
9　　2　　6

答え

Montagne de Reims地区：9／Vallée de la Marne地区：2／Côte des Blanc地区：6

1回目の圧搾で得られる搾汁の名前、2回目の圧搾で得られる搾汁の名前

初めての久兵衛はお手々で

1回目 　　　　テート・ド・キュヴェ

（食べるべし）。

2回目でやっと1級の鯛（が出る）。

2回目 　　　　プルミエール・タイユ

補足 久兵衛：銀座に本店を構える高級寿司店。

答え

1回目：tête de cuvéeテート・ド・キュヴェ／2回目：première tailleプルミエール・タイユ

シャンパーニュの搾汁率、熟成期間、アルコール度数

「シャンパンプレスは自然にGO! GO!

シャンパーニュの搾汁率　　　　　4000kg　　　　2550ℓ

ティラージュ以後

ティラージュ　　　15ヶ月以上

3年寝かせるコト!

3年以上　　最低熟成期間

いいですね～!?

11%vol.　　以上

答え

搾汁率：4,000kgのブドウから2,550ℓまでの果汁を得ることができる（63.75%）／熟成期間：ノン・ミレジメはティラージュ以後15ヶ月、ミレジメはティラージュ以後3年以上／アルコール度数：11%vol.以上

シャンパーニュの甘辛表示、それぞれの残糖量

ブリッ娘(コ)（が許されるの）**は小学生まで**
ブリュット　　　　　　　　　　　　12未満

（エクストラは幼稚園生まで。天然
エクストラ・ブリュット　6以下　　(略)ナテュール

ゼロパーは三歳児まで）。
(略)ゼロ パ(略)　　3未満

超ドライなセブンティーン、
エクストラ・ドライ　　　　　17以下

セクシーなミニスカ。
セック　　　　32以下（3 2）

デミ(・ムーア)**は**
Demi Sec

五十路過ぎだけど、どう？
(い そ じ)　50　　　　　　ドゥー

■補足　デミ・ムーアは1962年11月生まれ

（答え）
各甘辛表示ごとの残糖量（1リットル当たり）は以下の通り。Brutブリュット：12g未満、Extra Brutエクストラ・ブリュット：6g以下、Brut Natureブリュット・ナテュール／Dosage Zéroドザージュ・ゼロ／Pas Doséパ・ドゼ：3g未満、Extra Dryエクストラ・ドライ：12～17g、Secセック：17～32g、Demi Secドゥミ・セック：32～50g、Douxドゥー：50g以上

シャンパーニュ製造業態の略語

交渉しても大規模会社のノンメンバー
ネゴシアン　　　　大規模会社　　　　　　　　N.M.

扱いなら、自家小規模会社の
　　　　　自家ブドウ　小規模会社

レギュラーメンバーになろう。
　　　　　R.M.

生協のCMを栽培組合が録画した。
生産者協同組合　C.M.　　栽培家協同組合　　R.C.

スーパーリッチな同族会社で、
　　　　S.R.　　　　同族の栽培家会社

自分の名前のまあまあな
　プライベートブランド　　　M.A.

シャンパン飲もう！
　　シャンパーニュ

答え

N.M. ：ブドウを購入して製造する大規模会社。ブルゴーニュ
　　　　地方のネゴシアンと同義
R.M. ：自家ブドウで製造する小規模会社。ブルゴーニュ
　　　　地方のドメーヌと同義
C.M. ：生産者の協同組合が製造
R.C. ：栽培家の協同組合が製造
S.R. ：同族の栽培家会社が製造
M.A. ：買い手の所有する銘柄。プライベートブランド

Alsace Grand Cruアルザス・グラン・クリュの指定高貴4品種、指定されたlieux-ditsリュー・ディの数

濃いMr.ジジー

アルザスの貴族、

アルザス地方　　　　高貴品種

Mr.ジジーは
ミスター　G　G

Muscat& Gewürztraminer&
Riesling Pinot Gris

濃い51歳。
5　1

51のlieux-dits

答え

Alsace Grand Cruアルザス・グラン・クリュの指定高貴4品種は
Muscatミュスカ、Rieslingリースリング、Gewürztraminerゲヴュルツトラミネル、Pinot Grisピノ・グリ。
51のlieux-ditsリュー・ディの中のいずれか一つから産出される。

ブルゴーニュ地方の各地区名（北から南へ）

ブルゴーニュでは、シャブリに
ブルゴーニュ地方　　　　　シャブリ

煮干麻婆（を合わせる）**?!**
ニ　ボシ　マー　ボー
ニュイ、　マコネ、
ボーヌ、　ボージョレ
シャロネーズ

(答え)

Chablisシャブリ、 Côte de Nuitsコート・ド・ニュイ、 Côte de Beauneコート・ド・ボーヌ、 Côte Chalonnaiseコート・シャロネーズ、 Mâconnaisマコネ、 Beaujolaisボージョレ

ブルゴーニュ地方、各地区の県名

ヨン様はシャブリ好き。ニュイとボーヌは
Yonne県　　シャブリ地区　　コート・ド・ニュイ　コート・ド・ボーヌ
　　　　　　　　　　　　　地区　　　　　　地区

金賞で、島にはソーヌ河とロワール河が
(仏)or：　　シマ　シャロネーズ地区　ソーヌ・エ・ロワール県
Côte d'Or県　　　&マコネ地区

流れてる。ボージョレはローヌのすぐそば。
　　　　　　ボージョレ地区　　　ローヌ県

||補足| Or（金）：コート・ド・ニュイ地区とコート・ド・ボーヌ地区のワインはブルゴーニュワインの中で金賞のように輝いている存在。／Saône et Loire県には実際にSaône河とLoire河が流れている。／ボージョレ地区は実際にローヌ地方のすぐそば。

(答え)

シャブリ地区：Yonneヨンヌ県、コート・ド・ニュイ地区＆コート・ド・ボーヌ地区：Côte d'Orコート・ドール県、コート・シャロネーズ地区＆マコネ地区：Saône et Loireソーヌ・エ・ロワール県、ボージョレ地区：Rhôneローヌ県

シャブリ・グラン・クリュ（北西から南東へ）

【ネットカフェにて】

「シャブリのブログ、プリーズ！」と言って、
シャブリ　　　ブーグロ　　レ・プルーズ

マトンのボディーと蛙（料理）を
Moutonne　　ヴォデジール　（仏）Grenouilles

頬張る玄人・素人。
ヴァルミュール　レ・クロ　白=(仏)blanc：
　　　　　　　　　　　　　　Blanchots

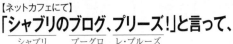

シャブリの
ブログプリーズ！
マトン肉

【答え】

Bougrosブーグロ、Les Preusesレ・ブルーズ、(Moutonneムートンヌ、非公式のクリュ)、Vaudésirヴォデジール、Grenouillesグルヌイユ、Valmurヴァルミュール、Les Closレ・クロ、Blanchotsブランショ

シャブリ・グラン・クリュ Moutonneムートンヌの位置

非番のPVボディーに
非公式区画　(略)Preuses　Vaudésir

羊が割り込んだ。
Moutonne　またがるように位置する

Police
!?

【答え】

MoutonneはLes PreusesとVaudésirの間にまたがるように位置する。

主なシャブリ・プルミエ・クリュ

シャブリが一番好きな美しい王様が、
シャブリ地区のプルミエ・クリュ　　(仏)beau roi：Beauroy

ヴァイオリン弾きながら言った。
Vaillon

「山の太ったメリノ羊が、ボクのパン
(仏)mont：Mont (仏)gros：Vosgros　メリノ　　　ヴォクパン
が付くもの3つ

をフルに食べて嬉しぇ～。」
フルショーム＆レ・**フル**ノー　　(略)**レシェ**

補足 ▶ メリノ羊は羊の種類。

答え

Beauroyボーロワ、Vaillonsヴァイヨン、Mont de Milieuモン・ド・ミリュ、Montmainsモンマン、Montée de Tonnerreモンテ・ド・トネール、Vosgrosヴォグロ、Mélinotsメリノ、Vaucoupinヴォクパン、Fourchaumeフルショーム、Les Fourneauxレ・フルノー、Côte de Léchetコート・ド・レシェ

Irancyイランシーの生産可能色

イランシーなんか要らんし～！
並質ワイン

アッカンベ～!!
赤

補足 ▶ Irancyは高級ワインではなく、並質ワイン。

答え

赤

Saint-Brisサン・ブリの生産可能色、品種

サン・ブリはソーヴィニョン・ド・
サン・ブリ　　　　　　　　ソーヴィニョン・ブラン、白ワイン

サン・ブリと言われていた。
サン・ブリ

補足 サン・ブリがソーヴィニョン・ド・サン・ブリと言われていたのは事実。2003年に「サン・ブリ」と改称された。

答え

白、Sauvignon Blancソーヴィニョン・ブラン

コート・ド・ニュイ地区の村名（北から南へ）

マフィアと十分しゃべった
マルサネ、フィサン　ジュヴレ・シャンベルタン

モレシャン、無事
モレ・サン・ドゥニ、　ヴジョ
シャンボール・ミュジニィ

ロマネを夜飲んだ。
ヴォーヌ・ロマネ　（仏）nuitニュイ
　　　　　　　　　ニュイ・サン・ジョルジュ

補足 「夜」が含まれるゴロ合わせはコート・ド・ニュイ地区のことであることは明白。

答え

Marsannayマルサネ、Fixinフィサン、Gevrey-Chambertinジュヴレ・シャンベルタン、Morey-Saint-Denisモレ・サン・ドゥニ、Chambolle-Musignyシャンボール・ミュジニィ、Vougeotヴジョ、Vosne-Romanéeヴォーヌ・ロマネ、Nuits-Saint-Georgesニュイ・サン・ジョルジュ

コート・ド・ニュイ地区の生産可能色が赤のみの村名 AOC（北から南へ）

夜のしゃべるミュージックは
(仏)nuit：　　(略)シャンベルタン村　シャンボール・ミュジニィ村
(コート・ド・)ニュイ地区

ロマンティックで、
ヴォーヌ・ロマネ村

赤丸急上昇。
赤のみ

‖補足‖ 「しゃべるミュージック」とは、例えば加山雄三の「君といつまでも」のように曲の中にしゃべる部分が入っているロマンティックなミュージックをイメージ。

（答え）
ジュヴレ・シャンベルタン村、シャンボール・ミュジニィ村、ヴォーヌ・ロマネ村

Gevrey-Chambertinジュヴレ・シャンベルタン村のグラン・クリュ(道の西側　北から南へ、道の東側　北から南へ)

「ツーショットはマズイベ」と
リュショット(略)　　　マジ(略)　(略)ベーズ

シャンベルタン名取(ナトリ)は思った。
シャンベルタン　　　ラトリシエール(略)

彼はチャペルで
(仏)chapelleシャペル(略)

摘んだグリオットの
グリオット(略)

魅力に惚れたマゾ。
(仏)charme(略)　　マゾワイエール(略)

補足 (仏)griotteグリオットはサクランボの一種。／「シャンベルタン」が含まれるゴロ合わせはジュヴレ・シャンベルタン村のことであることは明白。

答え

Ruchottes-Chambertinリュショット・シャンベルタン、Mazis-Chambertinマジ・シャンベルタン、Chambertin Clos de Bèzeシャンベルタン・クロ・ド・ベーズ、Chambertinシャンベルタン、Latricières-Chambertinラトリシエール・シャンベルタン(ここまで道の西側北から南へ)、Chapelle-Chambertinシャペル・シャンベルタン、Griotte-Chambertinグリオット・シャンベルタン、Charmes-Chambertinシャルム・シャンベルタン、Mazoyères-Chambertinマゾワイエール・シャンベルタン(ここまで道の東側　北から南へ)

マゾワイエール・シャンベルタンを名乗れる別のAOC

マゾは魅力的だが、魅力的な人が
マゾワイエール(略)　(仏)charme　　　　(仏)charme

マゾとは限らない。
マゾワイエール(略)　　名乗れない

(答え)

マゾワイエール・シャンベルタンはシャルム・シャンベルタンを名乗れるが、その逆は不可

Gevrey-Chambertinジュヴレ・シャンベルタン村の主なプルミエ・クリュ

ジュヴレで一流選手カズと
ジュヴレ・シャンベルタン村　　プルミエ・クリュ　(略)カズティエ

黒さんをジャックして散歩しよう!
クロ・サン・ジャック　　　シャンボー

(答え)

Les Cazetiersレ・カズティエ、 Clos Saint-Jacquesクロ・サン・ジャック、 Champeauxシャンボー

Morey Saint-Denisモレ・サン・ドゥニ村のグラン・クリュ(北から南へ)

モレの岩戸に
　　いわど
(仏)roche (略)ドゥニ

蘭タルト、良い?
(略)ランブレ (仏)tarte (仏)bonne

(答え)

Clos de la Rocheクロ・ド・ラ・ロシュ、Clos Saint-Denisクロ・サン・ドゥニ、 Clos des Lambraysクロ・デ・ランブレ、 Clos de Tart クロ・ド・タール(Mommessinモメサンのモノポール)、 Bonnes Maresボンヌ・マール(一部、 Morey Saint-Denis村とChambolle-Musigny村にまたがっている)

Morey Saint-Denisモレ・サン・ドゥニ村の主なプルミエ・クリュ

モレはプルプル
モレ（略）　　プルミエ・クリュ

シャーベット。
（仏）sorbetソルベ：sorbés

答え

Les Sorbésレ・ソルベ

Chambolle-Musignyシャンボール・ミュジニィ村のグラン・クリュ（北から南へ）

寝室で聴く良い
（仏）chambre：　　（仏）bonne
Chambolle-Musigny村

ミュージック。
Musigny

補足 （仏）Bonnes Maresは「良い小池」という意味。

答え

Bonnes Maresボンヌ・マール（一部、Morey Saint-Denis村と
Chambolle-Musigny村にまたがっている）、Musignyミュジニィ

Chambolle-Musignyシャンボール・ミュジニィ村の主なプルミエ・クリュ

シャンボール城の「恋する乙女たち」
シャンボール・ミュジニィ村　　（仏）Les Amoureuses

には恋が第一。
プルミエ・クリュ

補足 （仏）Les Amoureusesは「恋する乙女たち」という意味。

答え

Les Amoureusesレ・ザムルーズ

Vougeotヴジョ村のグラン・クリュ

クロ・ド・ヴジョは 石垣に囲まれている。

(仏)Closクロ

Clos de Vougeot

補足 (仏)Closクロの意味は「石垣などで囲いをしたブドウ畑」。実際、クロ・ド・ヴジョは石垣に囲まれている。

答え
Clos de Vougeotクロ・ド・ヴジョ

Vougeotヴジョ村の主なプルミエ・クリュ

ヴジョには白のプルミエがある。

(仏)blanc   プルミエ・クリュ

答え
Clos Blanc de Vougeotクロ・ブラン・ド・ヴジョ＝Le Clos Blanc
ル・クロ・ブラン(白ワイン、Domaine de la Vougeraieドメーヌ・ド・ラ・ヴジュレーのモノポール)

Flagey-Échézeauxフラジェ・エシェゾー村のグラン・クリュ

エシェゾーにはグランもある。

エシェゾー   グラン・エシェゾー

補足 Flagey-Échézeauxフラジェ・エシェゾー村の村名ワイン、プルミエ・クリュワインはVosne-Romanéeの村名、プルミエ・クリュとなる(AOC Flagey-Échézeauxは存在しない)。

答え
Échézeauxエシェゾー、Grands-Échézeauxグラン・エシェゾー

Vosne-Romanée ヴォーヌ・ロマネ村のグラン・クリュ（北から南へ、西から東へ）

リッチでヴィヴァ！ロマネ・コンティ
Richebourg　（略）ヴィヴァン　　ラ・ロマネ＆ロマネ・コンティ

大通りで用を足す。
（仏）La Grande Rue　　ラ・ターシュ

> **補足**　「ロマネ・コンティ」が含まれるゴロ合わせはヴォーヌ・ロマネ村のことであることは明白。/Richebourgは「裕福な村」という意味／La Grande Rueは「大通り」という意味／La Tâcheは「労役」という意味。

答え

Richebourgリシュブール、Romanée Saint-Vivantロマネ・サン・ヴィヴァン、La Romanéeラ・ロマネ（Domaine du Château de Vosne-Romanéeドメーヌ・デュ・シャトー・ド・ヴォーヌ・ロマネのモノポール）、Romanée-Contiロマネ・コンティ*、La Grande Rueラ・グランド・リュ（Domaine François Lamarcheドメーヌ・フランソワ・ラマルシュのモノポール）、La Tâcheラ・ターシュ*
＊Domaine de la Romanée-Contiドメーヌ・ド・ラ・ロマネ・コンティのモノポール

Vosne-Romanée ヴォーヌ・ロマネ村の主なプルミエ・クリュ

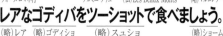

ロマネ(・コンティ)と一緒に、美しい山にて丸くて
ヴォーヌ・ロマネ村　　プルミエ・クリュ　（仏）Les Beaux Monts　（略）マルコンソール

レアなゴディバをツーショットで食べましょう。
（略）レア　（略）ゴディショ　（略）スュショ　（略）ショーム

別バージョン

ロマネ(・コンティ)と一緒にショールームでスシと丸い
ヴォーヌ・ロマネ村　　プルミエ・クリュ　（略）ショーム　（略）スュショ（略）マルコンソール

ゴディバをレアで食べたい美山まる子。
（略）ゴディショ　（略）レア　（仏）Les Beaux Monts（略）マルコンソール

答え

Les Beaux Montsレ・ボー・モン、Aux Malconsortsオー・マルコンソール、Clos des Réasクロ・デ・レア（Michel Grosのモノポール）、Les Gaudichotsレ・ゴディショ、Les Suchotsレ・スュショ、Les Chaumesレ・ショーム

Nuits Saint-Georgesニュイ・サン・ジョルジュ村の主なプルミエ・クリュ

夜食に、リッチな(山本)譲二さんは
(仏)nuitニュイ：　　　La Richemone　　　　Les Saint-Georges
ニュイ・サン・ジョルジュ村

ボクらとマレーシアで
ヴォクラン　　　(略)マレシャル

「ウズラとヤマウズラ
(仏)caille　　　(仏)perdrix

ポレンタ、ブドウ添え」
Les Porrets　　(略)ブド

を食べた。

■ 補足 ▶ ポレンタ：トウモロコシの粉を粥状に煮たイタリア料理

【答え】

La Richemoneラ・リシュモヌ、Les Saint-Georgesレ・サン・ジョルジュ、Les Vaucrainsレ・ヴォクラン、Clos de la Maréchaleクロ・ド・ラ・マレシャル(Joseph Faivelayジョゼフ・フェヴレのモノポール)、Les Caillesレ・カイユ、Aux Perdrixオ・ペルドリ、Les Porretsレ・ポレ、Aux Boudotsオー・ブド

コート・ド・ボーヌ地区の村名（北から南へ、西から東へ）

PAL詐称ボーヌはポマードヴォリューム

<ruby>Pernand<rt>バル</rt></ruby>(略)& <ruby>Savigny<rt>サヴニィ</rt></ruby>(略)& Beaune　ポマール　　ヴォルネイ
Aloxe(略)& ショレィ(略)
Ladoix

たっぷりのインテリで、ロマンドレス(女性)は

モンテリ　サン・ロマン　オーセィ・デュレス

無理そう(だから)、ブラリ当番日に

ムルソー　　　　ブラニィ　サン・トーバン

PC上で悶々と

Puligny-Montrachet&Chassagne-Montrachet

三都主とマラソンする。

サントネィ　マランジュ

補足　「ボーヌ」が含まれるゴロ合わせはコート・ド・ボーヌ地区のことであることは明白。

答え

Pernand-Vergelessesペルナン・ヴェルジュレス、 Aloxe-Corton
アロース・コルトン、Ladoixラドワ、Savigny-lès-Beauneサヴニィ・
レ・ボーヌ、Chorey-lès-Beauneショレィ・レ・ボーヌ、Beauneボーヌ、
Pommardポマール、Volnayヴォルネィ、Monthélieモンテリ、
Saint-Romainサン・ロマン、Auxey-Duressesオーセィ・デュレス、
Meursaultムルソー、Blagnyブラニィ、Saint-Aubinサン・トーバン、
Puligny-Montrachetピュリニィ・モンラッシェ、Chassagne-
Montrachetシャサーニュ・モンラッシェ、Santenayサントネィ、Marang-
esマランジュ

コート・ド・ボーヌ地区の生産可能色が赤のみの村名 AOC（北から南へ）

ボクのポールとボールが
（コート・ド・ボーヌ地区）　ポマール　　　　ヴォルネイ

ブランコに触れ、赤面した。
　　ブラニィ　　　　　　　赤のみ

答え

ポマール村、ヴォルネイ村、ブラニィ村

Charlemagne、Corton Charlemagne、Corton が生産される村、生産可能色

「シャルルマーニュ」が付くものは白のみ。

「シャルルマーニュ」はラドワなし（シャルラなし）。
　　　　　　　　　　　　　　シャルルマーニュ、ラドワ村

コルトンは赤白、ペ白なし。
　　　ペルナン・ヴェルジュレス村

答え

Charlemagne：白のみ、Ladoix村では認定されていない。

Corton Charlemagne：白のみ、3つの村全てで認定されている。

Corton：赤白、Pernand-Vergelesses村で白は認定されていない。

Beauneボーヌ村の主なプルミエ・クリュ

ボーヌのムッシュ達にはそらまめムース
ボーヌ村　　(略)ムーシュ　　　(仏)fève　　(泡)＝(仏)mousse

＆グレープジュースが
グレーヴ

一番人気。
プルミエ・クリュ

補足 Clos des Mouchesは白ワインが有名。

答え

Clos des Mouchesクロ・デ・ムーシュ、Les Fèvesレ・フェーヴ、Clos de la Mousseクロ・ド・ラ・ムース、Les Grèvesレ・グレーヴ

Pommardポマール村の主なプルミエ・クリュ

全部のポマードを
(略)ゼプノ　ポマール村のプルミエ・クリュ

つけた竜次は困らぬ。
リュジアン　　　(略)コマレーヌ
次：グラン・クリュに次ぐプルミエ・クリュ

答え

Les Grands Épenotsレ・グラン・ゼプノ、Les Rugiensレ・リュジアン、Clos de la Commaraineクロ・ド・ラ・コマレーヌ

Volnay ヴォルネィ村の主なプルミエ・クリュ

「一番ぼるね〜」と言いながら
一級　　　ヴォルネィ村

金髪ブスはシャンパンと
Bousse d'Or　　　　　　シャンパン
(仏)Or：金

貝割(大根)を買った。
カイユレ

（答え）

Clos de la Bousse d'Or クロ・ド・ラ・ブス・ドール（Domaine de la Pousse d'Or ドメーヌ・ド・ラ・プス・ドールのモノポール）、Champans シャンパン、Caillerets カイユレ

Meursault ムルソー村の主なプルミエ・クリュ

金の雫とペリエを
(仏)Les Gouttes d'Or　ペリエール

ジュネーヴに預けるの
ジュヌヴリエール

は魅力的だが、無理そう。
(仏)charme　　　ムルソー村のプルミエ・クリュ

（答え）

Les Gouttes d'Or レ・グート・ドール、Perrières ペリエール、Genevrières ジュヌヴリエール、Charmes シャルム

Puligny-Montrachetピュリニィ・モンラッシェ村のグラン・クリュ（北から南へ、西から東へ）

ピュリニィで騎士を歓迎するのは
ピュリニィ・モンラッシェ村　（仏）chevalier　（仏）bienvenues

モンバター。
モンラッシェ　バタール（略）

答え

Chevalier-Montrachetシュヴァリエ・モンラッシェ、 Bienvenues-Bâtard-Montrachetビアンヴニュ・バタール・モンラッシェ、 Montra-chetモンラッシェ、Bâtard-Montrachetバタール・モンラッシェ

Puligny-Montrachetピュリニィ・モンラッシェ村のみに位置するグラン・クリュ

ピュアなMを縛り、
ピュリニィ・モンラッシェ村　シュヴァリエ（略）〔シバリ〕

美暗部にバターしかない！
ビアンヴニュ・バタール（略）　ピュリニ（略）村にしかない〔ビアンブ〕

答え

Chevalier-Montrachetシュヴァリエ・モンラッシェ、 Bienvenues-Bâtard-Montrachetビアンヴニュ・バタール・モンラッシェ

Puligny-Montrachetピュリニィ・モンラッシェ村の主なプルミエ・クリュ

「私は一番ピュアなピュセルよ」と
プルミエ・クリュ ピュリニィ・
モンラッシェ村　　　　　(仏)pucelle：処女

処女よ

ホラ吹くクラヴァイオリン奏者は
(略)フォラティエール　　　　Clavaillon

コン
今夜ベッドで寝る。
(略)コンベット

答え
Les Pucellesレ・ピュセル、 Les Folatièresレ・フォラティエール、
Clavaillonクラヴァイヨン、 Les Combettesレ・コンベット

Chassagne-Montrachetシャサーニュ・モンラッシェ村のグラン・クリュ（北から南へ、西から東へ）

シャサーニュではモンバターを
シャサーニュ・モンラッシェ村　　　モンラッシェ　バタール(略)

ここより先
シャサーニュ村

塗って栗を食べる。
クリオ(略)

たっぷり
つけて♡

モンバター
モンバター

答え
Montrachetモンラッシェ、Bâtard-Montrachetバタール・モンラッシェ、
Criots-Bâtard-Montrachetクリオ・バタール・モンラッシェ

Chassagne-Montrachetシャサーニュ・モンラッシェ村のみに位置するグラン・クリュ

シャイなMの
シャサーニュ・モンラッシェ村

クリにもバターしかない!
クリオ・バタール（略）　シャサーニュ（略）村にしかない

答え

Criots-Bâtard-Montrachetクリオ・バタール・モンラッシェ

Chassagne-Montrachetシャサーニュ・モンラッシェ村の主なプルミエ・クリュ

シャサーニュでは一つずつ
シャサーニュ・モンラッシェ村　　　一級

丸いトロをジャンさんが
ラ・マルトロワ　クロ・サン・ジャン

しゃがんで盛るじょ。
レ・シャン・ガン　（略）モルジョ

トローデーズ

ジャンさん→

答え

La Maltroieラ・マルトロワ、Clos Saint-Jeanクロ・サン・ジャン、Les Champs Gainレ・シャン・ガン、Morgeotモルジョ、Abbaye de Morgeotアベイ・ド・モルジョ

コート・ド・ニュイ地区でグラン・クリュもプルミエ・クリュもない村

マルサの女は夜、
マルサネ　　　　　　　　(仏)nuitニュイ：
　　　　　　　　　　　　(略)ニュイ地区

全く眠れない。
グラン・クリュもプルミエ・クリュもない

【別バージョン】

マルサの女の安給料じゃ、
マルサネ　　　　　　　　比較的安価

夜行列車の特急にも
(仏)nuit：　　　　　　　特級も
(略)ニュイ地区

一等にも乗れないよ。
1級も　　　　　　　　ない

【答え】

Marsannayマルサネ村

コート・ド・ボーヌ地区でグラン・クリュもプルミエ・クリュもない村

しょーもない
ショレィ(略)　　グラン・クリュも
　　　　　　　プルミエ・クリュもない

凡ロマンス。
(略)ボーヌ地区　サン・ロマン

【答え】

Chorey-lès-Beauneショレィ・レ・ボーヌ村、Saint-Romainサン・ロマン村

Côte de Nuitsコート・ド・ニュイ地区で面積最大のGrand Cru、面積最小のGrand Cru

（答え）

面積最大：Clos de Vougeotクロ・ド・ヴジョ 49.4ha
面積最小：La Romanéeラ・ロマネ 0.8ha

コート・ド・ニュイ地区の代表的なモノポール（単独所有畑）と所有者

1番2番はDRCのモノ。
ロマネ・ラ・ターシュ　ドメーヌ・ド・ラ・　モノポール
コンティ　　　　　　ロマネ・コンティ

ロマネはロマネ。
ラ・ロマネ　（略）ヴォーヌ・ロマネ

大通りでラッシュ？！
(仏)La Grande Rue （略）ラマルシュ

黒いタルトはママさん（が作った）。
クロ・ド・タール　　Mommessin

▌補足▶ この中で1番高いワインはロマネ・コンティ、2番目はラ・ターシュ。

（答え）

畑	単独所有者
Romanée-Contiロマネ・コンティ	Domaine de la Romanée-Contiドメーヌ・ド・ラ・ロマネ・コンティ
La Tâcheラ・ターシュ	Domaine de la Romanée-Contiドメーヌ・ド・ラ・ロマネ・コンティ
La Romanéeラ・ロマネ	Domaine du Château de Vosne-Romanéeドメーヌ・デュ・シャトー・ド・ヴォーヌ・ロマネ
La Grande Rueラ・グランド・リュ	Domaine François Lamarcheドメーヌ・フランソワ・ラマルシュ
Clos de Tartクロ・ド・タール	Mommessinモメサン

Côte Chalonnaiseコート・シャロネーズ地区のAOC（北から南へ）

初級者用

シャロン(・ストーン)はブス流に、メールで

(女優)：コート・シャロネーズ地区　　ブーズロン　リュリ　　メルキュレ

スタジオジブリにモンタージュ

(アニメ製作会社)：ジブリ　　　　モンタニィ

(写真を送った)。

上級者用

シャロンは鰤、メジ(鮪)も好き。

コート・シャロネーズ地区　　ブーズロン、リュリ　メルキュレ、ジブリ　モンタニィ

答え

Bouzeronブーズロン、Rullyリュリ、Mercureyメルキュレ、Givry
ジブリ、Montagnyモンタニィ

コート・シャロネーズ地区で白のみのAOC、その品種
（北から南へ）

ブーズロンに白蟻は一匹もなく、

ブーズロン　　　　　白ワイン アリゴテ　　　1級なし

紋白蝶が車窓に映る。

モンタニィ　白ワイン　　シャルドネ

答え

Bouzeronブーズロン(1級 はない)：Aligotéアリゴテ／
Montagnyモンタニィ：Chardonnayシャルドネ

Bouzeronブーズロンに1級はあるかないか。品種は何か

シャロン・ストーンの、フローズンする
(略)シャロネーズ地区　　　　　　　　　　　　　　ブーズロン

「氷の微笑」は1級映画じゃ
(映画)シャロン・ストーン主演　　1級は

ないけれど、有難う！
1級はない　　　　　　　　アリゴテ

シャロン・ストーン

ちら♥

Police

答え
ブーズロンに1級はなし。アリゴテ種

Bouzeronブーズロンの生産可能色、品種

白単騎(待ち)に、
はくたんき
白のみ

ブスがロンして
ブーズロン

「ありがてー！」
アリゴテ

ロン！ありがてー！

よし！

スッ

ロン！ありがてー！

補足
白：麻雀の牌の一種で、何も書いてないもの／単騎待ち：麻雀において、アガリに必要な牌が残り1枚となった状態で、かつ雀頭となる対子が1枚欠けている状態を指す／ロン：麻雀のアガリ方の一種。他人が捨てた牌でアガリの場合「ロン」と言う

答え
白のみ、Aligotéアリゴテ

Mâconnaisマコネ地区のAOC（「マコン」が付くもの以外）

【夫が妻に缶ビールを持ってくるように依頼した。】

マコン村のベランダで
マコネ地区＆　　　　サン・ヴェラン
マコン・ヴィラージュ

「ビールくれっ！」と頼んだら
ヴィレ・クレッセ

ププイのプイッとされ、
プイィが付くもの3つ

風呂場で頭真っ白。
（フユイッセ、ロシェ、ヴァンゼル）全て白のみ

答え

Saint-Véranサン・ヴェラン、Viré-Clesséヴィレ・クレッセ、Pouilly-Fuisséプイィ・フユイッセ、Pouilly-Lochéプイィ・ロシェ、Pouilly-Vinzellesプイィ・ヴァンゼル（全て白のみ）

Crus du Beaujolaisクリュ・デュ・ボージョレ（北から南へ）

ボージョレの三重^{サンジュウ}の市営風車が古いことを

ボージョレ　<u>サ</u>ン・タムール&<u>ジュ</u>リエナス　シェナス　(仏)Moulin-à-Vent　フルーリー

知るモンゴル人は、

シルーブル　モルゴン

レーニンぶるコト。

レニエ　ブルイィ　コート・ド・ブルイィ

市営

補足 レーニン：ボリシェヴィキ党・ソ連邦の創設者。マルクス主義者。

答え

Saint-Amourサン・タムール、 Juliénasジュリエナス、 Chénas
シェナス、Moulin-à-Ventムーラン・ア・ヴァン、Fleurieフルーリー、Chirou-
blesシルーブル、 Morgonモルゴン、 Régniéレニエ、 Brouillyブル
イィ、 Côte de Brouillyコート・ド・ブルイィ（全て赤のみ）

Crus du Beaujolaisクリュ・デュ・ボージョレの内、面積最大のもの

でっかいどお（北海道）は

面積最大

寒くてブルブル震える。

ブルイィ

答え

Brouillyブルイィ

【Chapter 8 Jura-Savoie ジュラ・サヴォワ】

ジュラ地方の固有品種（Vin Jaune用品種以外）

ジュラのプールサイドを
ジュラ地方　　　　　　　プルサール

取るぞ！（日焼けして黒くなるぞ！）
トゥルソー　　　　　　　　共に黒ブドウ

【答え】

Poulsardプルサール、 Trousseauトゥルソー（共に黒ブドウ）

ジュラ地方の主要AOC（北から南へ）

ジュラにあるのはシャロン・スター。
コート・デュ・ジュラ　　　アルボワ　　シャトー・シャロン　　　星＝(仏)étoile
　　　　　　　　　　　　　　　　　　　　　　　　　エトワール：l'Étoile

【答え】

Côtes du Juraコート・デュ・ジュラ、 Arboisアルボワ、 Château-Chalonシャトー・シャロン、 l'Étoileレトワール

Vin Jauneヴァン・ジョーヌの品種、規定

ヴァン・ジョーヌに合うのは天然の
ヴァン・ジョーヌ ／ (英)natural：ナテュレ

鯖にゃん！「ウィ！」と言われても、
サヴァニャン ／ ウイヤージュ

スッチーと飲むのは禁止だよ。
スティラージュ ／ ウイヤージュ・スティラージュ禁止

6年後に路地
6年以上熟成 ／ 620ml

クラブ「蘭」で
クラヴラン

飲ませてやる。

【答え】

Vin Jauneの品種はSavagninサヴァニャン（別名Naturéナテュレ）。熟成中ouillageウイヤージュ禁止、soutirageスティラージュ禁止。6年以上熟成。620ml入りのボトル「clavelinクラヴラン」に入れられる。

藁ワイン（Vin de Paille ヴァン・ド・パイユ）の造り方に関する規定

ブドウの陰干しにパシリを6人使おう。
ブドウを陰干しする　　　パスリヤージュ　　6週間

ハーフタイムでポーっとするな！
ハーフボトル　　　　ポ

（逆らったら）**イヤでも寝かせて**
　　　　　　　　18ヶ月　　　熟成

3年は動けないからな！
3年　　　販売不可

答え

ブドウを藁や簀子（すのこ）の上で、または天井に吊るして最低6週間乾燥させる（passerillage パスリヤージュ）。ハーフボトル（375mℓ）の「Pots ポ」に瓶詰めする。18ヶ月以上樽熟成義務。圧搾から3年間販売不可

コート・デュ・ジュラ、アルボワの生産可能色、タイプ

ジュラのアルボワは何でもあるぼわ。
コート・デュ・ジュラ　　　アルボワ　　　赤・白・ロゼ・黄・藁　何でもある

答え

赤・白・ロゼ・黄・藁

シャトー・シャロンの生産可能色

シャロン（・ストーン）**は**
シャトー・シャロン

黄色しか着ない。
黄ワインのみ

NO!
いかがでしょうか
黄色しか着ないのヨ

答え
黄ワイン（ヴァン・ジョーヌ）のみ

レトワールの生産可能色、タイプ

スターは
(仏)étoile：l'Étoile

決して顔を赤らめない。
赤・ロゼはない

COOL!

答え
白・黄・藁

ジュラ地方のVDLの名前、その熟成期間、生産可能色

ジュラのマックVLセットは全部入り。
ジュラ地方　マクヴァン(略)　VDL　　　　　　　　赤・ロゼ・白
バリュー

一年寝ても甘いパイにはならない。
1年以上樽熟成　甘口　ヴァン・ド・パイユはない

黄色にもならない。
ヴァン・ジョーヌもない

マックやるね!
甘いパテ
黄色い
MAC
一年後
全部入りのLサイズ

答え
Macvin du Juraマクヴァン・デュ・ジュラ／1年以上樽熟成義務／
赤・ロゼ・白（ヴァン・ド・パイユとヴァン・ジョーヌはない）

サヴォワ地方の固有品種

「**サヴォワに白いルーレット、**
　　　サヴォワ　　　白ブドウ　　　ルーセット

アルデスか？」
　　アルテッス

「（あります。こちらの）

黒い門へどーぞ!!」
黒ブドウ　　　モンドゥーズ

答え

Roussetteルーセット＝ Altesseアルテッス（白ブドウ）、Monde-
useモンドゥーズ（黒ブドウ）

サヴォワ地方の主なAOC（北から南へ）

サヴォワにそそられる美人がいる。
ヴァン・ド・サヴォワ　　セイセル　　ルーセット（略）ビュジェイ

答え

Vin de Savoieヴァン・ド・サヴォワ（赤・白・ロゼ）、Seysselセイセ
ル（白のみ）、Roussette de Savoieルーセット・ド・サヴォワ（白の
み）（Vin de Savoie、Roussette de Savoieは広範囲の
AOC）、Bugeyビュジェイ、Bugey Manicleビュジェイ・マニクル
など

北部地区（Septentrional）の主要黒ブドウ品種、その別名

SeptentrionalはSyrah=Sérine。
北部地区　　　　　　　　　　　Syrah　　　Sérine

セリーヌは知らない。
Sérine　　　Syrah

答え

Syrahシラー ＝ Sérineセリーヌ

南部地区（Méridional）の主要黒ブドウ品種

メリーゴーラウンドが
Méridional（南部地区）

グルグル回る。
Grenache

答え

Grenacheグルナッシュ

北部右岸地域のAOC（北から南へ）

右手でロティ、今度はグリエ？ジョゼフ、
右岸　コート・ロティ　コンドリュ　シャトー・グリエ　サン・ジョゼフ

（そんなに）凝るなっぺ！泡吹いてるよ！
コルナス　サン・ペレ　サン・ペレ・ムスー

補足 ▶ rôtiロティ：ローストの仏語／grilléグリエ：グリルの仏語

答え

Côte Rôtieコート・ロティ、Condrieuコンドリュ、Château-Grillet
シャトー・グリエ、Saint-Josephサン・ジョゼフ、Cornasコルナス、Saint-
Pérayサン・ペレ、Saint-Péray Mousseuxサン・ペレ・ムスー

北部左岸地域のAOC（北から南へ）

クローズ・エルミタージュ
クローズ・エルミタージュ、エルミタージュ

なんか、左手でDD！
ドリンクドリンク

クローズ・エルミタージュは　左岸　（略）ディ、
エルミタージュ周辺地域のワインで、　（略）ディオワ
エルミタージュより格下ワイン

クローズ・エルミタージュ

答え
Crozes-Hermitageクローズ・エルミタージュ、 Hermitageエルミタージュ、
Coteaux de Dieコトー・ド・ディ、Crémant de Dieクレマン・ド・ディ、
Clairette de Dieクレレット・ド・ディ、Châtillon-en-Dioisシャティオン・
アン・ディオワ

北部地区の主なAOCの生産可能色

北区の近藤　愚理恵は
北部　コンドリュー　（略）グリエ

色白美人で、小茄子が
白　　　　　　　コルナス

露呈して赤面する、紅白の
コート・ロティ　赤　　　　　赤・白

エルメス大好き女性。
Hermitage　　　　（略）ジョゼフ

色白
かぁ

近藤 愚理恵

答え
コンドリュー、シャトー・グリエ：白／コルナス、コート・ロティ：赤
／エルミタージュ、クローズ・エルミタージュ、サン・ジョゼフ：赤・
白

北部地区、主な赤ワインのSyrah使用比率

100%凝るな、キレイなジョゼフ。
100%　　コルナス　　90%　　（略）ジョゼフ

箱入りエルメス、浜でロティ。
85%　　エルミタージュ　　80%　　（略）ロティ

答え

コルナス：100%／サン・ジョゼフ赤：90%以上／エル
ミタージュ赤：85%以上／コート・ロティ：80%以上

ローヌ地方で藁ワイン（ヴァン・ド・パイユ）の生産が認められているAOC

隠者はワラの庵に
Hermitage　　藁ワイン

住んでいる。

補足　(仏)(英)hermitage：隠者の庵

答え

Hermitageエルミタージュ

南部右岸地域のAOC（北から南へ）

ナウ、ビバレッジ飲んで、デュー・デュー
南部・右岸　　（略）ヴィヴァレ　　　　　　　　デュシェ・デュゼス

リラックスして食べる？
リラック　　　　　　　　タヴェル

ベルガモット入りで
（略）ベルガルド

ニンマリだね！
（略）ニーム

> デュー・デュー
> リラックスして
> 食べる？
> ベルガモット入り

> うん！
> ニンマリ！

> ビバレッジ

‖補足‖　ベルガモット：ミカン科の常緑低木。球形の果実をつけ、その果皮から芳香の強い油をとり、香料とする。de Nîmes（英 denim）はデニム（丈夫な綾織りの綿布）の語源。

（答え）

Côtes du Vivaraisコート・デュ・ヴィヴァレ、Duché d'Uzesデュシェ・デュゼス、Liracリラック、Tavelタヴェル、Clairette de Belle-gardeクレレット・ド・ベルガルド、Costières de Nîmesコスティエール・ド・ニーム

南部左岸地域のAOC（北から南へ、西から東へ）

南東のグリニャン、絆創膏貼って

南部左岸　　　グリニャン（略）　　　Vinsobres

ラスト事後ヴァケーションは

ラストー　　ジゴンダス　　　ヴァケラス

ヴェニスへ。

(略)ヴニーズ
(Veniceの仏語はVeniseヴニーズ)

（そこの）新シャトーの

シャトーヌフ・デュ・パプ

番頭は竜さん。

(略)ヴァントゥー　(略)リュベロン

答え

Grignan-les-Adhémarグリニャン・レ・ザデマール、Vinsobresヴァン
ソーブル（赤、Grenache50％以上）、Rasteauラストー（VDN）、
Gigondasジゴンダス、Vacqueyrasヴァケラス、Beaume de
Veniseボーム・ド・ヴニーズ、Muscat de Beaumes-de-Venise
ミュスカ・ド・ボーム・ド・ヴニーズ（VDN）、Châteauneuf-du-Pape
シャトーヌフ・デュ・パプ、Ventouxヴァントゥー、Lubéronリュベロン

南部地区の主なAOCの生産可能色

基本は全色（赤・ロゼ・白）。
イレギュラーはジゴンダス、タヴェル、シャトーヌフ・デュ・パプ、
ボーム・ド・ヴニーズ、ヴァンソーブル、ラストーの6つ。

南 **権太はしょうがない奴で、ローズを**

南部　ジゴンダス　　　　白がない：赤・ロゼ　　　　　ロゼ

食べるから新しいお城にはローズがない。

タヴェル　　シャトーヌフ・デュ・パプ　　ロゼがない：赤・白

(ローズの棘で)出血しヴェニス

赤　　(略)ヴニーズ

のラスト絆創膏。

ラストー　ヴァンソーブル

<答え>
ジゴンダス：赤・ロゼ／タヴェル：ロゼ／シャトーヌフ・
デュ・パプ：赤・白／ボーム・ド・ヴニーズ、ヴァンソー
ブル、ラストー：赤

シャトーヌフ・デュ・パプ用に認められている品種

●黒ブドウもグリブドウも白ブドウもあるもの（2）

グルピク全部。

グルナッシュ　ピクプール　黒ブドウ・グリブドウ・白ブドウが認められている

<答え>
Grenache Noir, Gris, Blancグルナッシュ・ノワール・グリ・ブラン、
Picpoul Noir, Gris, Blancピクプール・ノワール・グリ・ブラン

シャトーヌフ・デュ・パプ用に認められている品種

●黒ブドウ(7)

初級者用

黒いムール貝も知らない
黒ブドウ　ムールヴェドル　　　　　シラー

バカの久野は、山荘で
ヴァカレーズ　クノワーズ　サンソー

(ピエール・)カルダン着て照れた。
　　　　　　　ミュスカルダン　　　　　テレ(略)

上級者用

黒いMTVのCMはCSで。
黒ブドウ　Mourvèdre&Terret　Cinsault&　Counoise&Syrah
　　　　　Noir&Vaccarèse　Muscardin

補足　ピエール・カルダン：ファッションデザイナー／MTV：音楽専門テレビチャンネル／CS：スカパー!などの通信衛星

答え

Mourvèdreムールヴェドル、Syrahシラー、Vaccarèseヴァカレーズ、Counoiseクノワーズ、Cinsault(＝Cinsaut)サンソー、Muscardinミュスカルダン、Terret Noirテレ・ノワール

●白ブドウ(4)

初級者用

白くてピカピカのルー(大柴)さんと
白ブドウ　ピカルダン　　　　　　ルーサンヌ

ブラブラしてくれ。
プールブーラン　　クレット

上級者用

白いPCでR&Bを聴こう。
白ブドウ　Picardan&Clairette　Roussanne&Bourboulenc

答え

Picardanピカルダン、Roussanneルーサンヌ、Bourboulencプールブーラン、Clairetteクレレット注
注：Clairette Roséも認められている。

シャトーヌフ・デュ・パプに使えない主な南仏品種

パブで、丸さん
(略)パブ　　　マルサンヌ

から美を
ヴィオニエ

借りちゃダメ!
カリニャン　　　使用禁止

答え

Marsanneマルサンヌ(白ブドウ)、Viognierヴィオニエ(白ブドウ)、Carignanカリニャン(黒ブドウ)

プロヴァンス地方の主要AOC（北から南へ、西から東へ）

ピエールはボーっとしたデクさんで、
ピエールヴェール　　　　　　レ・ボー(略)　　　　　　(略)デクサン(略)

パレット片手にヴァヴァロア・カシスを
Palette　　　　　　　(略)ヴァロワ(略)　　　カシス

描き、ハンドル握るときも
バンドール

プロヴァンス風
コート・ド・プロヴァンス

ベレー帽を被る。
ベレ

補足 デクさん：「でくのぼう」の愛嬌を込めた呼び方。

（答え）

Pierrevertピエールヴェール、Les Baux de Provenceレ・ボー・ド・プロヴァンス、Coteaux d'Aix-en-Provenceコトー・デクサン・プロヴァンス、Paletteパレット、Coteaux Varois en Provenceコトー・ヴァロワ・アン・プロヴァンス、Cassisカシス、Bandolバンドール、Côtes de Provenceコート・ド・プロヴァンス、Belletベレ

マルセイユ近郊のAOC、ニース近郊のAOC

マルセイユでカシスを、
Marseille　　　Cassis

ニースでベレー帽を買った。
Nice　　　Bellet

（答え）

マルセイユ近郊のAOC：Cassisカシス、ニース近郊のAOC：Belletベレ

プロヴァンス地方で生産可能色が赤・ロゼのAOC

プロヴァンスでは
プロヴァンス地方

フレッシュジュースで
(略)フレジュス

ロンドンとの勝利を
(略)ロンド　　(仏)victoire

乾杯後、ピエールフーは
(略)ピエールフー

白ワイン造るの忘れた。
白がない：赤・ロゼ

答え

Côtes de Provence Fréjusコート・ド・プロヴァンス・フレジュス、Côtes de Provence La Londeコート・ド・プロヴァンス・ラ・ロンド、Côtes de Provence Sainte-Victoireコート・ド・プロヴァンス・サント・ヴィクトワール、Côtes de Provence Pierrefeuコート・ド・プロヴァンス・ピエールフー

Bandolバンドール赤・ロゼの品種、赤の樽熟成期間

「**赤っぽい** **ハンドル**の材料は
赤・ロゼ　　バンドール　　　品種

ムール貝なんだってさ。』『**イヤ～ん！**」
ムールヴェドル　　　　　　　樽熟成18ヶ月以上

答え

Mourvèdreムールヴェドル（赤は50％以上、95％以下）、樽熟成18ヶ月以上

Patrimonioパトリモニオの赤・ロゼの品種、Ajaccioアジャクシオの赤・ロゼの品種

コルシカの服部は煮える木を三本
コルシカ島　　パトリモニオ　　　　ニエルッチョ　　　　サンジョヴェーゼ
（ハットリ）　　　　　　　　　　　　　　　　　　　　（サン）

使って、鯵スキヤキ
品種　アジャクシオ　シャカレッロ
（アジ）　　　　　　　　（スキアカレロともいう）

（を作る）。

補足 ▶ Patrimonio、Ajaccioは北から南への順である（下図参照）。

答え

Patrimonioパトリモニオの赤・ロゼの主要品種はNielluccio
ニエルキオ（＝Sangioveseサンジョヴェーゼ）、Ajaccioアジャクシオの赤・
ロゼの主要品種はSciacarelloシャカレッロ（スキアカレロともいう）

"Cap"の意味

答え

"Cap"は仏語で「岬」、
Cap　　　　　　　　　岬

「頭のてっぺん」という意味で、
頭のてっぺん

コルシカ島の北端。
コルシカ島　　　　北端

補足 ▶ Muscat du Cap Corse、Vin de Corse-Coteaux du Cap Corseの地図
上の位置を確認する。

【Chapter 11 Languedoc-Roussillon ラングドック・ルーシヨン】

ラングドック・ルーシヨン地方の県名（北東から南西へ）

L&Rはエロくて
ラングドック&ルーシヨン　エロー

オドオドした東洋人。
オード　　　　　　　（略）Orientales

ロゼを飲む。
ロゼール

答え

Héraultエロー県、 Audeオード県、 Pyrénées-Orientales
ピレネー・オリエンタル県、 Lozèreロゼール県

Languedocラングドック地方の主要AOC（北東から南西へ）

ラングドックのフロンティアは
　　　　　　　　　　フロンティニャン

ファジーなシニア峰。
フォジェール　サン・シニアン　ミネルヴォワ

頑張る、丸く力む、
カバルデス　マルペール　リムー

媚びる人。
コルビエール　フィトゥー

答え

Frontignanフロンティニャン、 Faugèresフォジェール、 Saint-
Chinianサン・シニアン、Minervoisミネルヴォワ、Cabardèsカバルデス、
Malpèreマルペール、 Limouxリムー、 Corbièresコルビエール、
Fitouフィトゥー

ラングドック地方で生産可能色が赤・ロゼの主要AOC

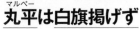

丸平は白旗掲げず
マルペー
マルペール　　　白がない：赤・ロゼ

頑張るです。
カバルデス

答え
Malpèreマルペール、Cabardèsカバルデス

Limouxリムーの生産可能色、主要品種

めでたい理夢ちゃんは、
めでたい：紅白＝赤・白　リムー

もうざっくりメロン
モーザック　　メルロ

半分食べた。
50％以上

答え
生産可能色：赤・白／赤：Merlotメルロ50％以上、
白：Mauzacモーザックなど

Fitouフィトゥーの生産可能色、主要品種

人は赤い服のみ
フィトゥー　　　赤のみ

グルになって借りるにゃん。
グルナッシュ　　　　　　　カリニャン

答え

赤のみ、Grenacheグルナッシュ、Carignanカリニャン

Roussillonルーション地方の主要AOC（北から南へ）

森の活き猿はルーション村に
モーリィ　活き:(英)liveリヴ　Côtes du Roussillon
　　　　　リヴザルト　　　　(-Villages)

コリゴリで、晩に留守。
コリウール　　　バニュルス

答え

Mauryモーリィ、Rivesaltesリヴザルト、Côtes du Roussillon-Villagesコート・デュ・ルーション・ヴィラージュ、Côtes du Roussillonコート・デュ・ルーション、Collioureコリウール、Banyulsバニュルス

【Chapter 12 南西地方】

Sud-Ouestスュド・ウェスト地方の主要AOC（北から南へ）

「（シラノ・ド・）**ベルジュラック**は魅力的な
　　　　　　　　　Bergerac　　　　　　　（仏）charmant：
　　　　　　　　　　　　　　　　　　　Pécharmant

門番で、**香るフロント**がいいや。
モンバジャック　カオール　フロントン　ガイヤック

（私、彼に）**狂いそ～**。
　　　　　　　Madiran

ジュランソンに連れてって～！」
ジュランソン

|| 補足 | シラノ・ド・ベルジュラック：エドモン・ロスタンの恋愛小説。シラノは詩の才に秀で、剣は一流、その上哲学者でもある。唯一のコンプレックスは巨大な鼻。

〈答え〉
Bergeracベルジュラック（赤・ロゼ・白）、Pécharmantペシャルマン（赤）、Monbazillacモンバジャック（甘口白）、Cahorsカオール（赤）、Frontonフロントン（赤・ロゼ）、Gaillacガイヤック（赤・ロゼ・白）、Madiranマディラン（赤）、Jurançonジュランソン（甘口白）

Pécharmantペシャルマンの生産可能色

ペルシャ戦争では
ペシャルマン

多くの血が流された。
赤のみ

|| 補足 | ペルシャ戦争：紀元前5世紀の初めごろ、ペルシャとギリシャの間で断続的に行われた戦争。

〈答え〉
赤のみ

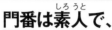

Monbazillacモンバジャックの生産可能色、味わい

門番は素人で、
モンバジャック　　　白

（警備が）甘い。
　　　　　　甘口

【答え】
白・甘口

Côtes du Marmandaisコート・デュ・マルマンデの生産可能色

マルマンは、
（略）マルマンデ

3色あるで、マルマンデ！
赤・ロゼ・白　　　　（略）マルマンデ

【補足】 マルマン：ゴルフ用品メーカー

【答え】
赤・ロゼ・白

Frontonフロントンの生産可能色、主要品種

（ホテルの）フロントに、しょーがない
　　　　　フロントン　　　白がない：赤・ロゼ

ネグリジェで来んな！
ネグレット

【答え】
生産可能色：赤・ロゼ／品種：Négretteネグレット主体

Cahorsカオールの生産可能色、品種

頬っぺが赤い薫ちゃん、
ほ　　　　　赤のみ　　　　カオル
　　　　　　　　　　　カオール

オセロはなるべくするコト!
オーセロワ　　マルベック　　コット

【答え】
赤のみ、Côtコット＝Malbecマルベック＝Auxerroisオーセロワ

Marcillacマルシヤックの主要品種

（強い）マールでシャックリ
　　　　　　　　マルシヤック

増えるぜ! ヤレヤレ!!
フェル・セ(略)　　80%

【答え】
Fer Servadouフェル・セルヴァドゥ80％以上

ピレネー地区の主要A.O.C.

（日が）照るピレネー山脈まで来た
テュルサン　　　　ピレネー地区　　マディラン

樹蘭さん、熊に
ジュランソン　　ベアルン

ビクビクアレルギー。
（略）ヴィク・ビル　　イルレギ

ガォーッッ

樹蘭さん
行きましょう！

熊にビクビク
アレルギー

答え

Tursanテュルサン、Madiranマディラン、Jurançonジュランソン、Jurançon Secジュランソン・セック、Béarnベアルン、Pacherenc du Vic Bilhパシュラン・デュ・ヴィク・ビル、Irouléguyイルレギ（フランス本土で最も南西に位置する、バスク地域のワイン）

Madiranマディランの生産可能色、主要品種

赤のMadは
赤のみ　　Madiran

棚にしまっておこう。
タナ

Madiran
IN

答え

赤のみ、Tannatタナ主体

Jurançonジュランソンに使用されるブドウ、生産可能色・タイプ、品種、残糖分

超熟女、甘白樹蘭さんは (注意力)散漫。
過熟したブドウ　白(甘) ジュランソン　　(略)マンサン

参考書、覚えられない〜！
残糖35g/ℓ以上

答え

使用されるブドウ：貴腐ブドウからではなく、過熟したブドウから造られる／生産可能色・タイプ：甘口白／品種：Petit Mansengプティ・マンサン、Gros Mansengグロ・マンサン主体（Vendanges Tardivesが付記された場合はプティ・マンサン、グロ・マンサンのみ）／残糖分：35g/ℓ以上

Jurançon Secジュランソン・セックの残糖分

樹蘭さん、節句に詩歌。
ジュランソン・セック　　4g/ℓ以下

答え

4g/ℓ以下

南西地方で生産可能色が赤のみのAOC

南西のペルシャ湾で薫ちゃん、
南西地方　　ペシャルマン　　カオール

紅一点まじランニング。
赤のみ　　マディラン

答え

Pécharmantペシャルマン、Cahorsカオール、Madiranマディラン

南西地方で生産可能色が赤・ロゼのAOC

フロントのマルシアは去る者追わず、
フロントン　　マルシヤック　　(略)サルド

（離婚したからもう）

白い服は着ないで
白がない：赤・ロゼ

ブルーを着る。
ブリュロワ

答え

Saint-Sardosサン・サルド、 Frontonフロントン、 Marcillac
マルシヤック、 Brulhoisブリュロワ

【Chapter 13 Bordeaux ボルドー】

ボルドー地方の4つの河（北から南へ時計回り）

ボルドーの次郎、ドルで
ボルドー　　　　　　　ジロンド河 ドルドーニュ河

ガロを買収しろ！
ガロンヌ河　　　　　　シロン河

> **補足** ガロ：アメリカ・カリフォルニアの最大手ワイナリー／シロン河はBarsacバルサックとSauternesソーテルヌの間に流れる河で、ガロンヌ河に注いでいる。シロン河から発生する朝霧が貴腐ブドウ形成の一要因。

答え

Girondeジロンド河、Dordogneドルドーニュ河、Garonneガロンヌ河、Cironシロン河

ボルドー地方ジロンド河左岸・ガロンヌ河左岸の気候・土壌・主要品種、ドルドーニュ河右岸の気候・土壌・主要品種

熱い自我のサガン、砂利壁にぶつかる。
暑い　　ジロンド河&ガロンヌ河の左岸　砂利質土壌　カベルネ・ソーヴィニョン主体

童顔は涼しげに、
ドルドーニュ河の右岸　　涼しい

粘土石灰で攻める。
粘土石灰質土壌　　　　メルロ主体

> **補足** サガン：フランソワーズ・サガン。フランスの女性作家。「ブラームスはお好き」などの作品がある。

答え

左岸：温暖な気候、砂利質土壌、カベルネ・ソーヴィニョン主体／右岸：冷涼な気候、粘土石灰質土壌、メルロ主体

109

甘口白ワインの地区とAOC

甘口白はソーテルヌ地区と
甘口白ワイン　　　　　　　ソーテルヌ地区

その対岸。
ソーテルヌ対岸地区

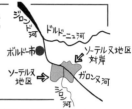

補足 ソーテルヌ地区のガロンヌ河対岸にカディヤック、ルビアック、サント・クロワ・デュ・モン、コート・ド・ボルドー・サン・マケールは存在する。Céronsの対岸はCadillacで、共に頭文字はC。

答え

ガロンヌ河左岸：ソーテルヌ地区（北から南へCéronsセロン、Barsacバルサック、Sauternesソーテルヌ）

ガロンヌ河右岸：北から南へCadillacカディヤック、Loupiacルピアック、Sainte-Croix-du-Montサント・クロワ・デュ・モン、Côtes de Bordeaux Saint-Macaireコート・ド・ボルドー・サン・マケール（半甘口）

メドック地区のAOCを名乗れる村々（北から南へ）

初級者用

メドックの手捨さんをポイッと30(歳)で
<u>テ ス テ</u>　　　　　　　　サンジュウ
サン・テステフ　　ポイヤック　サン・ジュリアン

リストラ(するのは)無理っす!
リストラック(略)　　　　ムーリス

丸くいこ〜。
マルゴー

上級者用

メドックのSPslimなマルゴー。
スペシャル　スリム　　　Margaux
<u>S</u>aint-Estèphe, <u>S</u>aint-Julien,
<u>P</u>auillac　　<u>L</u>istrac-Médoc,
　　　　　　<u>M</u>oulis

答え
サン・テステフ、ポイヤック、サン・ジュリアン、リストラック・メドック、ムーリス、マルゴー

ガロンヌ河左岸のAOC（北から南へ）

左利き(選手が多い)PL学園の
左岸　　　　　　　　　<u>P</u>essac-<u>L</u>éognan

重大な世論は
(仏)grave：Graves　セロン

バルサミックソース!!
バルサック　　　ソーテルヌ

答え
Pessac-Léognanペサック・レオニャン(赤・白)、Gravesグラーヴ(赤・白)、Céronsセロン(白・貴腐)、Barsacバルサック(同)、Sauternesソーテルヌ(同)

コート・ド・ブライとブライの生産可能色

コブラは真っ白で、
コート・ド・**ブライ**　　　白のみ

真っ白

コブラ!?

ブラは真っ赤。
ブライ　　　　赤のみ

ブーブー

答え

白のみ：Côte de Blayeコート・ド・ブライ／赤のみ：Blayeブライ

ドルドーニュ河右岸の主なAOC（西から東へ）

右ハンドルのブーブーのフロントに
右岸　　　　　　　ブライ＆ブール　　　フロンサック

100万フラン
貸してよん♡

リンゴ（を満載したいから）、
（仏）pommeポム：ポムロール

100万フラン貸してよん。
ミリオン：　　（略）フラン　（略）カスティヨン
サン・テミリオン

答え

Blayeブライ（赤）、Côte de Blayeコート・ド・ブライ（白）、Bourg
ブール＝Côtes de Bourgコート・ド・ブール＝Bourgeaisブルジェ（赤・
白）、Fronsacフロンサック（赤）、Pomerolポムロール（赤）、Saint-
Émilionサン・テミリオン（赤）、Francs Côtes de Bordeaux
フラン・コート・ド・ボルドー（赤・白辛・白甘）、Castillon Côtes de
Bordeauxカスティヨン・コート・ド・ボルドー（赤）

サン・テミリオン衛星地区に位置するAOC

ジョージがリュックサック背負い、
(略)ジョルジュ(略)　　　　リュサック(略)

ピース缶持って山登り
ピュイスガン(略)　(仏)montage モンターニュ：モンターニュ(略)

したのは百万回近く。
(英・仏)million：衛星地区 Saint-Émilion

答え

Saint-Georges Saint-Émilion サン・ジョルジュ・サン・テミリオン、
Lussac Saint-Émilion リュサック・サン・テミリオン、Puisseguin
Saint-Émilion ピュイスガン・サン・テミリオン、Montagne Saint-
Émilion モンターニュ・サン・テミリオン

ドルドーニュ河・ガロンヌ河の間の広大な地区のAOC

2つの河の間は
(仏)Entre-Deux-Mers(河≒海)

ブナの樹(じゅ)がいっぱい。
(略)オー・ブノージュ　広大な地区

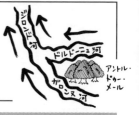

補足 Entre-Deux-Mersの直訳は「2つの海の間」。ボルドー地方では河口に近い
ドルドーニュ河とガロンヌ河を海にみたてている。

答え

Entre-Deux-Mers アントル・ドゥー・メール(白)、Entre-Deux-
Mers Haut-Benauge アントル・ドゥー・メール・オー・ブノージュ(白)、
Bordeaux Haut-Benauge ボルドー・オー・ブノージュ(白半甘)

ガロンヌ河右岸のAOC（北から南へ）

右利きの第1キャディーは
右岸　　（仏）première　Cadillac

ループの門で負ける。
Loupiac　（略）モン　（略）サン・マケール

答え

Premières Côtes de Bordeauxプルミエール・コート・ド・ボルドー
（白半甘〜甘口）、Cadillacカディヤック（白甘口 貴腐または
過熟）、Loupiacルピアック（同）、Sainte-Croix-du-Mont
サント・クロワ・デュ・モン（同）、Côtes de Bordeaux Saint-
Macaireコート・ド・ボルドー・サン・マケール（白辛〜甘 甘口は貴腐）

ドルドーニュ河左岸のAOC（西から東へ）

左手のヴェールを
左岸　　グラーヴ・ド・ヴェール

フォアハンドで剝ぐ。は
サント・フォワ（略）

答え

Graves de Vayresグラーヴ・ド・ヴェール（赤・白）、Sainte-Foy
Bordeauxサント・フォワ・ボルドー（赤・白辛〜甘）

メドック＆ソーテルヌの格付けが制定された年

格付けはイヤ！今後は

1855年

やめて〜!! めそめそ。
メドック地区＆ソーテルヌ地区

答え
1855年

メドック地区格付け1級のシャトー（AOC Pauillac、AOC Margauxの順）

（頭文字アルファベット順）
1級はL L M M。
Lafite Latour Mouton Margaux
-Rothschild   -Rothschild

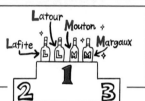

答え
（Châteauシャトーを省略）
Lafite-Rothschildラフィット・ロートシルト、Latourラトゥール、Mouton-Rothschildムートン・ロートシルト（ここまでAOC Pauillac）、Margauxマルゴー（AOC　Margaux、Commune Margaux）

メドック地区格付け2級のシャトー（AOC Saint-Estèphe、AOC Pauillac、AOC Saint-Julien、AOC Margauxの順）

私は二流のモンローです。ピンピンしてま～す。
2級　　　　　モンローズ (略)デストゥルネル「ピション」が付くシャトー2つ

ボーとしたレオ3兄弟から
(略)ボーカイユ　　「レオヴィル」が付くシャトー3つ

バラをもらって、
ローズ：(略)ラローズ

ブラッとローザン姉妹と
ブラーヌ (略)　「ローザン」が付くシャトー2つ

デュ・ヴァンへ行って
アカデミー・デュ・ヴァン：デュルフォール・ヴィヴァン

コンブ 昆布茶を飲みました。
ラスコンブ

答え

（Châteauを省略）

Montroseモンローズ、Cos d'Estournelコス・デストゥルネル（ここまで AOC Saint-Estèphe）

Pichon-Longueville Baronピション・ロングヴィル・バロン、Pichon-Longueville Comtesse de Lalandeピション・ロングヴィル・コンテス・ド・ラランド（ここまでAOC Pauillac）

Ducru-Beaucaillouデュクリュ・ボーカイユ、Léoville-Bartonレオヴィル・バルトン、Léoville-Poyferréレオヴィル・ポワフェレ、Léoville-Las-Casesレオヴィル・ラス・カーズ、Gruaud-Laroseグリュオ・ラローズ（ここまでAOC Saint-Julien）

Brane-Cantenacブラーヌ・カントナック（AOC Margaux、Commune Cantenacカントナック）、Rauzan-Séglaローザン・セグラ、Rauzan-Gassiesローザン・ガシー、Durfort-Vivensデュルフォール・ヴィヴァン、Lascombesラスコンブ（ここまでAOC Margaux、Commune Margaux）

メドック地区格付け3級のシャトー（AOC Saint-Estèphe、AOC Saint-Julien、AOC Margaux、AOC Haut-Médocの順）

3鉢のハート形のラグジュアリーな蘭を持参したのは、

3級　カロン・セギュール　ラグランジュ　ランゴア ディサン

パルコで買ったブラウン服を着る少年です。

バルメール　　　カントナック・ブラウン　キルヴァン　ボーイ： デスミライユ
Boyd(略)

（彼は）スクールにフェリーで通っていた

ジスクール　フェリエール

"星の王子さま"ベッケー。

著者はサン・テグジュペリ　（略）Becker

ララ～♪

ラ・ラギュンヌ

補足 ハート：カロン・セギュールのラベルにはハートのマークが描かれている。

答え

（Châteauを省略）
Calon-Ségurカロン・セギュール（AOC Saint-Estèphe）
Lagrangeラグランジュ、Langoa-Bartonランゴア・バルトン（ここまでAOC Saint-Julien）
d'Issanディサン、Palmerバルメール、Cantenac-Brownカントナック・ブラウン、Kirwanキルヴァン、Boyd-Cantenacボイド・カントナック、Desmirailデスミライユ（ここまでAOC Margaux、Commune Cantenac)、Giscoursジスクール（AOC Margaux、Commune Labardeラバルド)、Ferrièreフェリエール、Malescot- Saint-Exupéryマレスコ・サン・テグジュペリ、Marquis d'Alesme- Beckerマルキ・ダレーム・ベッケール（ここまでAOC Margaux、Commune Margaux)
La Laguneラ・ラギュンヌ（AOC Haut-Médoc、Commune Ludonリュドン）

メドック地区格付け4級のシャトー（AOC Saint-Estèphe、AOC Pauillac、AOC Saint-Julien、AOC Margaux、AOC Haut-Médocの順）

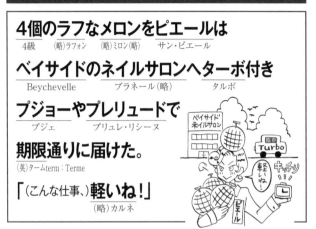

4個のラフなメロンをピエールは
4級　　　　（略）ラフォン　（略）ミロン（略）　　サン・ピエール

ベイサイドのネイルサロンへターボ付き
Beychevelle　　　　　ブラネール（略）　　　　タルボ

プジョーやプレリュードで
プジェ　　　　プリュレ・リシーヌ

期限通りに届けた。
(英)タームterm：Terme

「（こんな仕事、）軽いね！」
(略)カルネ

||補足▶ メロン：5級のクレール・ミロンとの混同に要注意。

答え

（Châteauを省略）

Lafon-Rochetラフォン・ロシェ（AOC Saint-Estèphe）

Duhart-Milon-Rothschildデュアール・ミロン・ロートシルト（AOC Pauillac）

Saint-Pierreサン・ピエール、Beychevelleベイシュヴェル、Branaire-Ducruブラネール・デュクリュ、Talbotタルボ（ここまでSaint-Julien）

Pougetプジェ、Prieuré-Lichineプリュレ・リシーヌ（ここまでAOC Margaux、Commune Cantenac）、Marquis-de-Termeマルキ・ド・テルム（AOC Margaux、Commune Margaux）

La Tour-Carnetラ・トゥール・カルネ（AOC Haut-Médoc、Commune Saint-Laurentサン・ローラン）

メドック地区格付け5級のシャトー（AOC Saint-Estèphe、AOC Pauillac、AOC Margaux、AOC Haut-Médocの順）

【高校教師が不良生徒達を叱るコメント】

5階のラボラトリーでオバタリアン&
5級　　　コス・ラボリ　　「バタイエ」が付くシャトー2つ
バ バ　　ランシュ　　　　　　　　　ホント

婆婆と乱酒したのは本当かね？
「バージュ」が付く　"Lynch"が　　　　　　　ポンテ・カネ
シャトー2つ　　付くシャトー2つ

グラウンドにデスクとダルマ
"Grand"が付くシャトー2つ　ペデスクロー　ダルマイヤック

（を落としたの）は明らかだ！

さて、テアトル「どさくさ」で
　　　　　Tertre　　ドーザック
（仏）クレール

（開演の）ベル（が鳴った）。
ベルグラーヴ

「カモン! 感動するよ!!」
カマンサック　カントメルル

補足 乱酒：宴席で順次正しく盃を回した後、席順を乱し、また自然と乱れて酒を飲み合うこと／酒を過度に飲むこと。

答え
（Châteauを省略）
Cos-Laboryコス・ラボリ（AOC Saint-Estèphe）
Batailleyバタイエ、Haut-Batailleyオー・バタイエ、Croizet-Bagesクロワゼ・バージュ、Haut-Bages-Libéralオー・バージュ・リベラル、Lynch-Bagesランシュ・バージュ、Lynch-Moussasランシュ・ムサス、Pontet-Canetポンテ・カネ、Grand-Puy-Ducasseグラン・ピュイ・デュカス、Grand-Puy-Lacosteグラン・ピュイ・ラコスト、Pédesclauxペデスクロー、d'Armailhacダルマイヤック、Clerc-Milonクレール・ミロン（ここまでAOC Paillac）、du Tertreデュ・テルトル（AOC Margaux、Commune Arsacアルサック）、Dauzacドーザック（AOC Margaux、Commune Labarde）、Belgraveベルグラーヴ、Camensacカマンサック（ここまでAOC Haut-Médoc、Commune Saint-Laurent）、Cantemerleカントメルル（AOC Haut-Mêdoc、Commune Macauマコー）

Château Mouton-Rothschildが2級から1級に昇格した年、その年のアートラベルを描いた画家

ムートンは1級並と言われて
(略)ムートン　1973年

いた天才。
ピカソ

答え
1973年に昇格。ピカソ

Château d'Armailhacシャトー・ダルマイヤックが現在の名前に変更された年、それ以前の名称

ダルマが実力発揮。それまでは
ダルマイヤック　1989年に名称変更　1988年までは

男爵夫人フィリップ。
(仏)Baronne　Philippe

答え
1989年に名称変更された。1976年から1988年までの名称はChâteau Mouton Baronne Philippeシャトー・ムートン・バロ−ヌ・フィリップ

メドックの格付け

1級に多いAOC、2級に多いAOC、5級に多いAOC

答え
1級に多いAOC：Pauillac、2級に多いAOC：Saint-JulienとMargaux、5級に多いAOC：Pauillac

メドック地区格付け、級別シャトーの数

メドック格付け、よいよいよいは、
メドック格付け　　　4　14　14　10

十八番です！
18

〈答え〉
1級：4、2級：14、3級：14、4級：10、5級：18

メドック地区格付け、AOC別シャトーの数（北から南へ、AOCオー・メドック）

メドック村へ来いや！
メドック格付け村別　　5　18

獣医に行こう！
11　21　5

〈答え〉
Saint-Estèph：5、Pauillac：18、Saint-Julien：11、
Margaux：21、Haut-Médoc：5

AOC Margauxが大切。シャトー名を見て何級か、commune名を解答できるようにする

答え

（Châteauシャトーを省略）

1級：Margauxマルゴー（Commune Margauxマルゴー）

2級：Brane-Cantenacブラーヌ・カントナック（Commune Cantenacカントナック）、Rauzan-Séglaローザン・セグラ、Rauzan-Gassiesローザン・ガシー、Durfort-Vivensデュルフォール・ヴィヴァン、Lascombesラスコンブ（ここまでCommune Margaux）

3級：d'Issanディサン、Palmerパルメ、Cantenac-Brownカントナック・ブラウン、Kirwanキルヴァン、Boyd-Cantenacボイド・カントナック、Desmiraílデスミライユ（ここまでCommune Cantenac）、Giscoursジスクール（Commune Labardeラバルド）、Ferrièreフェリエール、Malescot-Saint-Exupéryマレスコ・サン・テグジュペリ、Marquis d'Alesme-Beckerマルキ・ダレーム・ベッケー（ここまでCommune Margaux）

4級：Pougetプジェ、Prieuré-Lichineプリュレ・リシーヌ（ここまでCommune Cantenac）、Marquis-de-Termeマルキ・ド・テルム（Commune Margaux）

5級：du Tertreデュ・テルトル（Commune Arsacアルサック）、Dauzacドーザック（Commune Labarde）

AOC Haut-Médocが大切。シャトー名を見て何級か、commune名を解答できるようにする

答え

（Châteauシャトーを省略）

3級：La Laguneラ・ラギュンヌ（Commune Ludonリュドン）

4級：La Tour-Carnetラ・トゥール・カルネ（Commune Saint-Laurentサン・ローラン）

5級：Belgraveベルグラーヴ（Commune Saint-Laurentサン・ローラン）、Camensacカマンサック（Commune Saint-Laurentサン・ローラン）、Cantemerleカントメルル（Commune Macauマコー）

メドック格付け覚え方補足（Château を省略）

覚　え　方	適　　用
1級は常識 LLMM	**L**afite-Rothschild（AOC Pauillac）、**L**atour（同）、**M**outon-Rothschild（同）、**M**argaux（AOC Margaux）
RothschildはPauillac	Lafite-Rothschild（1級）、Mouton-Rothschild（1級）、Duhart-Milon-Rothschild（4級）
CosはSaint-Estèphe	Cos d'Estournel（2級）、Cos Labory（5級）
Pichonは2級Pauillac	Pichon-Longueville Baron、Pichon-Longueville Comtesse de Lalande
DucruはSaint-Julien	Ducru-Beaucaillou（2級）、Branaire-Ducru（4級）
Léovilleは2級Saint-Julien	Léoville-Barton、Léoville-Poyférré、Léoville-Las-Cases
CantenacはAOC Margaux、Commune Cantenac	Brane-Cantenac（2級）、Cantenac-Brown（3級）、Boyd-Cantenac（3級）
Rauzanは2級 AOC Margaux、Commune Margaux	Rauzan-Séglas、Rauzan-Gassies
マルマルはマルゴー **Mal**escot、**Mar**quisはAOC **Mar**gaux、Commune **Mar**gaux	Malescot-Saint-Exupéry（3級）、Marquis d'Alesme-Becker（3級）、Marquis-de-Terme（4級）
Batailleyは5級Pauillac	Batailley、Haut-Batailley
Bagesは5級Pauillac	Croizet-Bages、Haut-Bages-Libéral、Lynch-Bages
Lynchは5級Pauillac	Lynch-Bages、Lynch-Moussas
Grand-Puyは5級Pauillac	Grand-Puy-Ducasse、Grand-Puy-Lacoste

以上30シャトー。残りの30シャトーは本書p115～p119のゴロ合わせで、または単語カードを作成して覚えてください。

格付けシャトーの中でAOCマルゴーを名乗れる村々 （コミューン）

青いマンゴーは、哲学者カントも
AOCマルゴー、マルゴー村　　　　　　　　　　　カントナック村

思想家ロラン・バルトも
ラバルド村

好物であるさ～。すさむ。
アルサック村　　　　スサン

カント　ロラン・バルト

‖ 補足 ‖ イマヌエル・カント（Immanuel Kant, 1724～1804年）：プロイセン王国出身の哲学者・思想家・大学教授／ロラン・バルト（Roland Barthes,1915～1980年）：フランスの思想家。1970年には日本について独自の分析をした「表徴の帝国」（「記号の国」）も発表している。

【答え】

Margauxマルゴー、Cantenacカントナック、Labardeラバルド、
Arsacアルサック、Soussanスサン

メドック格付けシャトーの中でAOCマルゴーで、かつコミューンがアルサックのシャトー

マルゴーにはテアトルが
AOCマルゴー　　　　　　　　デュ・テルトル 5級

あるさ。
アルサック村

【答え】

Château du Tertre（5級）

メドック格付けシャトーの中でAOCマルゴーで、かつ
コミューンがカントナックのシャトー（格上から格下へ。
シャトー名に「カントナック」が付くものを除く）

マルゴー爺さんパルメザン(チーズ)切るんです。
AOCマルゴー　ディサン 3級　パルメ 3級　　　　キルヴァン 3級 デスミライユ 3級

四輪プジョー、プレリュード、カウンタック
4級　プジェ 4級　プリュレ・リシーヌ 4級　カントナック村

乗り回す。

【答え】
（Châteauを省略）
d'Issan（3級）、Palmer（3級）、Kirwan（3級）、De-
smirail（3級）、Pouget（4級）、Prieuré-Lichine（4級）

メドック格付けシャトーの中でAOCマルゴーで、かつ
コミューンがラバルドのシャトー（格上から格下へ）

マルゴースクールへ
AOCマルゴー　ジスクール 3級

どうぞ! ラッパで歓迎。
ドーザック 5級　ラバルド村

【答え】
（Châteauを省略）
Giscours（3級）、Dauzac（5級）

格付けシャトーの中でAOCオー・メドックを名乗れる村々(コミューン)

（オレに）「おめえ」と言えるのは、
オー・メドック　　　　　名乗れる

マカオのドン、
マコー　　　　リュドン

サンローランだけじゃ！
サン・ローラン

マカオのドン、
サンローランだけじゃ！

【答え】

Macauマコー村、Ludonリュドン村、Saint-Laurentサン・ローラン村

AOCオー・メドック格付けシャトーが位置する村々（コミューン）、所属シャトー

多めのウドン食って、
AOCオー・メドック　リュドン村

散歩中にララ牛乳飲んだ。
3級　　　　　　ラ・ラギューヌ

多めにまこう！
AOCオー・メドック　マコー村

五感止めるべし！
5級　　カントメルル

メイドのローランさん、
AOCオー・メドック　　サン・ローラン村

四角い(折)鶴とカルテを取り上げられ、
4級　　　　　　(略)トゥール・カルネ

強盗にベルトでグローブ
5級　　　　　　　ベルグラーヴ

(のさるぐつわを)噛まされた。
カマンサック

【答え】
（Châteauを省略）Ludonリュドン村：3級La Lagune
ラ・ラギューヌ／Macauマコー村：5級Cantemerleカントメルル／Saint-
Laurentサン・ローラン村：4級La Tour-Carnetラ・トゥール・カルネ、
5級Belgraveベルグラーヴ、Camensacカマンサック

メドック格付けシャトーの中でAOCオー・メドックのシャトー、村別（格上から格下へ）

おめでたの時は流動的なララバイを
AOCオー・メドック　　　　　リュドン村　　　ラ・ラギューヌ 3級　　子守歌

歌って、ローランさんから軽めの
サン・ローラン村　　　　　（略）カルネ 4級

カマンベールをもらい、
カマンサック 5級　ベルグラーヴ 5級

（皆に知らせる際は）

カウントしながらメール
カントメルル 5級

を撒こう。
マコー村

答え
（Châteauを省略）
Ludon村：La Lagune（3級）
Saint-Laurent村：La Tour-Carnet（4級）、Camensac（5級）、Belgrave（5級）
Macau村：Cantemerle（5級）

Château d'Yquemシャトー・ディケムの格付け名称

ディケムは1級スーパー。
Château d'Yquem　Premier Cru Supérieur

Premier Cru Supérieur d'Yquem

答え
Premier Cru Supérieurプルミエ・クリュ・シュペリウール

ソーテルヌ地区格付け1級のシャトー（バルサック村、ソーテルヌ村、その他の村の順）

【チンピラ2人組のうち兄貴分のコメント】

「(ソーテルヌ漬けの)栗まんは食ってから
ソーテルヌ地区　　　　クリマン　　　クーテ

ぎろう!サドのリュウが
ギロー　Suduiraut　リューセック

白い塔でレーヌと
(仏)La Tour Blanche　(略)Rayne(略)
ラ・トゥール・ブランシュ

ラブラブしたこと、
「ラボー」が
付くシャトー2つ

ペラペラ話すな!」
「ペラゲ」が付くシャトー2つ

白い塔

答え

（Châteauを省略）
Climensクリマン、Coutetクーテ（ここまでCommune Barsacバルサック）、Guiraudギロー（Commune Sauternesソーテルヌ）、Suduirautスデュイロー（Commune Preignacプレニャック）、Rieussecリューセック（Commune Farguesファルグ）、La Tour Blancheラ・トゥール・ブランシュ、de Rayne Vigneauド・レイヌ・ヴィニョ、Rabaud-Promisラボー・プロミ、Sigalas Rabaudシガラ・ラボー、Clos Haut-Peyragueyクロ・オー・ペラゲ、Lafaurie-Peyragueyラフォリ・ペラゲ（ここまでCommune Bommesボンム）

バルサック村のシャトー、ソーテルヌ村のシャトー、ファルグ村のシャトー、プレニャック村のシャトー（Bommesボンム村、2級シャトーを除く）

栗まん食ってバルサック、ソーテルヌは
クリマンス　クーテ　　　バルサック　　　　ソーテルヌ

YG（読売ジャイアンツ）、リュウは遠くで佐渡プレイ。
d'**Y**quem、**G**uiraud　　リューセック　（英）far：Fargues **Sud**uiraut **Pre**ignac

答え

（Châteauを省略）

Climensクリマンス、CoutetクーテはBarsacバルサック村、d'Yquem
ディケム、GuiraudギローはSauternesソーテルヌ村、Rieussecリューセックは
Farguesファルグ村、SuduirautスデュイローはPreignacプレニャック村

ソーテルヌ地区格付け、級別シャトーの数

ソーテルヌには一番
ソーテルヌ格付け　　　　　1

いいイチゴが合う！
11　　15

Sauternes

答え

特1級：1、1級：11、2級：15

ソーテルヌ地区格付け2級のシャトー（バルサック村、ソーテルヌ村、その他の村〔ABC順〕の順）

2枚のミラードア（から聞こえる）根暗ブルースは
<small>2級　　　ド・ミラ　「ドワジ」が付くシャトー3つ　ネラック　ブルーステ</small>

塩っぽくて痒い〜！（消すために）
<small>スュオ　　　　カイユ</small>

ダッシュでリモコンを
<small>ダルシュ　　リモート・コントロール：
「ラモート」がつくシャトー2つ</small>

拾おう！ローマ帰りの、まる子！
<small>Filhot　　Romerが付くシャトー2つ　（略）マル</small>

答え

（Châteauを省略）

de Myratド・ミラ、Doisy-Daëneドワジ・デーヌ、Doisy-Dubrocaドワジ・デュブロカ、Doisy-Védrinesドワジ・ヴェドリーヌ、Nairacネラック、Broustetブルーステ、Suauスュオ、Caillouカイユ（ここまでCommune Barsac）、d'Archeダルシュ、Château Lamothe、Lamothe Guignardラモート・ギニャール、Filhotフィヨー（ここまでCommune Sauternes）、Romerロメー、Romer du Hayotロメー・デュ・アヨ（Commune Fargues）、de Malleド・マル（Commune Preignac）

AOCソーテルヌを名乗れる村々

青い空の下、文豪バルザックは
AOCソーテルヌ　　　　　　　　　　　バルサック

爆弾のボールで、
(英)bomb：ボンム

超人ハルクと
ファルグ

プレーした。
プレニャック

ハルク

補足 ▶ オノレ・ド・バルザック(Honoré de Balzac, 1799年～1850年)：フランスの小説家／超人ハルク(The Incredible Hulk)：マーベル・コミック刊行のアメリカン・コミック(アメコミ)に登場する架空のスーパーヒーロー。

答え

Sauternesソーテルヌ、Barsacバルサック、Bommesボンム、
Farguesファルグ、Preignacプレニャック

グラーヴ地区、赤ワインのみ格付けシャトー

赤い帽子の法王のミッションは冬に
赤のみ格付け　(仏)pape　(略)Mission(略)　(略)フューザル

オー・ブリオンを広めること。
Haut-Brion

ラフィット、ラトゥールはバイバイ！
スミス・オー・ラフィット　ラ・トゥール・オー・ブリオン　(略)バイィ

補足　赤い帽子：Camauroカマウロと呼ばれる帽子で、12世紀以来、法王(＝教皇)が使用した防寒用の帽子。
ラトゥール：La Tour Haut-Brionのこと。次項のLa Tour Martillacとの混同に要注意。

（答え）
（Châteauを省略）
Pape Clémentパプ・クレマン、La Mission Haut-Brion
ラ・ミッション・オー・ブリオン、de Fieuzalド・フューザル、Haut-Brionオー・
ブリオン、Smith-Haut-Lafitteスミス・オー・ラフィット、La Tour
Haut-Brionラ・トゥール・オー・ブリオン、Haut-Baillyオー・バイィ
注：Château La Tour Haut-Brionは2005年ヴィンテージを最後に
　　生産が中止された。そのブドウ畑はChâteau La Misson
　　Haut-Brionに併合され、La Chapelle de la Misson Haut-
　　Brionにブレンドされている。

グラーヴ地区、赤ワイン・白ワイン共格付けシャトー

おめでたい騎士は丸々（肥えた）
紅白：赤・白共に格付け　（仏）chevalier　（略）**Mar**tillac
Malartic（略）

軽母乳のブスッ娘
カルボニュー　　ブスコー

オリヴィエが好き。
オリヴィエ

【答え】

Domaine de Chevalierドメーヌ・ド・シュヴァリエ、（以下Châteauを省略）、La Tour-Martillacラ・トゥール・マルティヤック、Malartic-Lagravièreマラルティック・ラグラヴィエール、Carbonnieuxカルボニュー、Bouscautブスコー、Olivierオリヴィエ

グラーヴ地区、白ワインのみ格付けシャトー

白々しいラブは
白のみ格付け　ラヴィル（略）

（犬も）食わん！
「クーアン」が付く
シャトー2つ

【答え】

（Châteauを省略）
Laville Haut-Brionラヴィル・オー・ブリオン、Couhinsクーアン、Couhins-Lurtonクーアン・リュルトン
注：Château Laville Haut-Brionは2009年ヴィンテージから
　　Château La Misson Haut-Brion Blancに名称変更された。

サン・テミリオン・プルミエ・グラン・クリュ・クラッセ格付けA級シャトー

永久に大損する
A級　　　オゾーヌ

「天使白馬」。
アンジェリュス　(仏)Cheval Blanc

パブでヤケ酒!
パヴィ

|| 補 足 ||　A級が含まれるゴロ合わせはサン・テミリオン・プルミエ・グラン・クリュ・クラッセA級シャトーのことであることは明白。

答え

（Châteauを省略）
Ausoneオゾーヌ、Angélusアンジェリュス、Cheval Blancシュヴァル・ブラン、Pavieパヴィ
AngélusとPavieが2012ヴィンテージから適用される格付けで「A級」に昇格した

サン・テミリオン・プルミエ・グラン・クリュ・クラッセ格付けA級以外のシャトー

ベコーはベレー帽を被り、
(略)ベコ　ベレール ボーセジュール (略)ガブリエール

バランスよい歌声で
ヴァランドロー

フィガロを歌い、
Figeac

黒いフルートでカノンを
クロ・フルテ　　　　Canon

吹き、デュカスが作った
(略)デュカス

トロトロッと
トロロン(略)、トロット(略)

して真っ赤なお菓子を
(略)マッカン

食べ、問答無用!
(略)モンドット

補足 ベコー：ジルベール・ベコー（シャンソン歌手）／フィガロ：「フィガロの結婚」は貴族社会を諷刺したボーマルシェ作の喜劇。モーツァルトがオペラを作曲した／カノン：ある旋律を他のパートが追いかけるように模倣していく楽曲の形式／デュカス：アラン・デュカスは史上最年少でミシュラン三つ星を獲得したモナコ国籍のシェフ

答え

（Châteauを省略、Clos Fourtet、La Mondotteは元々Châteauは付かない）

Beau-Séjour Bécotボー・セジュール・ベコ、Bélair-Monangeベレール・モナンジュ、Beauséjourボーセジュール、La Gaffelièreラ・ガフリエール、Valandraudヴァランドロー、Figeacフィジャック、Clos Fourtetクロ・フルテ、Canonカノン、Canon la Gaffelièreカノン・ラ・ガフリエール、Larcis Ducasseラルシ・デュカス、Troplong-Mondotトロロン・モンド、Trottevieilleトロットヴィエイユ、Pavie-Macquinパヴィ・マッカン、La Mondotteラ・モンドット

ポムロール地区の優良生産者

ペトリュスが確かに忠告したのは
Pétrus　(英)certainly:"Certan"　(仏)conseiller　トロタノワ
が付くシャトー2つ　コンセイエ：コンセイヤント

「ガザ地区の小さな村の教会に花を(植えよ)。
ガザン　(仏)Petit Village　(仏)l'église　(仏)la fleur :"Lafleur"
が付くシャトー2つ

ラトゥールを盗みに来るレイバンを
Latour à Pomerol　レヴァンジル

かけた猿のようなルパンは
サル　ル・パン

(決して)寝なん」。
ネナン

補足 「ペトリュス」が含まれるゴロ合わせはポムロールのことであることは明白。レイバンRay-Ban：(商標)アメリカのボシュロム社製のサングラス。「光を遮断する」という意味から。

答え
(Châteauを省略、除Vieux Château Certan、Domaine de l'EgliseにはChâteauは付かない)
Pétrusペトリュス、Certan de Mayセルタン・ド・メイ、Vieux Château Certanヴュー・シャトー・セルタン、La Conseillanteラ・コンセイヤント、Trotanoyトロタノワ、Gazinガザン、Petit Villageプティ・ヴィラージュ、Domaine de l'Égliseドメーヌ・ド・レグリーズ、Lafleurラフルール、La Fleur Pétrusラ・フルール・ペトリュス、Latour à Pomerolラトゥール・ア・ポムロール、L'Evangileレヴァンジル、de Salesド・サル、Le Pinル・パン、Neninネナン

【Chapter 14 Val de Loire ロワール渓谷】

Pays Nantaisペイ・ナンテ地区

Muscadetミュスカデの地元名

ミュスカデは、無論ブルゴーニュからやってきた。

ミュスカデ　　　　　　ムロン・ド・ブルゴーニュ

補足 実際にMuscadetは17世紀にブルゴーニュ地方から移植された品種。
「ムロン」はメロンの仏語であり、このブドウがマスクメロンに似た香りがある
ことに由来する。

答え

Muscadet = Melon de Bourgogneムロン・ド・ブルゴーニュ

Folle Blancheフォール・ブランシュの地元名

白い滝に流されないのは、
フォール・ブランシュ

太った苗。
（仏）Gros Plant

答え

Folle Blanche = Gros Plantグロ・プラン

Muscadet sur lieミュスカデ・シュール・リーを造るにあたり、滓の上でいつまでワインを寝かせる必要があるか

ミュスカデ・シュール・リーは
ミュスカデ・シュール・リー

この際、寝かせましょう！
3月旧　　　滓の上で寝かせる

この際、寝かせましょう！

補足 sur lieシュール・リー：「滓の上で」という意味。ちなみにベッドの仏語は
litリーであり、lieと同じ発音である。

答え

滓の上で最短でも収穫翌年3月1日まで寝かせなければ
ならない。

Pays Nantaisペイ・ナンテ地区の4つのAOCの中で、面積最大・生産量最多のもの

ミュスカデは安いから、
ミュスカデ　　　　　　　安価

最も家計をセーブする。
面積最大・生産量最多　　ミュスカデ・セーヴル・エ・メーヌ

【答え】

Muscadet-Sèvre et Maineミュスカデ・セーヴル・エ・メーヌ

Anjouアンジュー & Saumurソーミュール地区

Anjouアンジュー地区の主なAOC（貴腐ワイン以外、Anjouの語が含まれるAOC以外）

（鈴木）杏樹は「僧侶達の岩を
セーヴ　アンジュー地区　　（仏）Roche-aux-Moine

saveしてくれ、
（英）救済する：　　（略）クレ・ド・セラン
Savennières

（アンジェリーナ・）ジョリー!」
（略）ジョリー

と祈願した。

▌補足 アンジェリーナ・ジョリー（Angelina Jolie、1975年生まれ）：アメリカ合衆国の女優。

【答え】

Savennièresサヴニエール、Savennières Roche-aux-Moines
サヴニエール・ロシュ・オー・モワンヌ、Coulée-de-Serrantクレ・ド・セラン
（ニコラ・ジョリーのモノポール）（全て右岸）

ロワール地方の代表的貴腐ワイン

寄付用のレーヨン比率は
貴腐ワイン　　　（略）Layon

4分の1が良いでしょう。
（仏）quart　　（仏）Bon(ne)　（略）ショーム

答え

Coteaux du Layonコトー・デュ・レイヨン、Quarts-de-Chaume
カール・ド・ショーム、Bonnezeauxボンヌゾー、Coteaux du Layon
Premier Cru Chaumeコトー・デュ・レイヨン・プルミエ・クリュ・ショーム（全
て左岸、全てAnjou地区）

アンジュー＆ソーミュール地区で白のみ、ロゼのみ、赤のみの代表的AOC

Savennièresサヴニエールが
付けば白のみ。
Cabernetが付けばロゼのみ。
Gamay、Villages、Champigny、
Puyが付けば赤のみ。

答え

Savennièresサヴニエール、Savennières Roche-aux-Moines
サヴニエール・ロシュ・オー・モワンヌはいずれも白のみ。
Cabernet d'Anjouカベルネ・ダンジュー、Cabernet de Saumur
カベルネ・ド・ソーミュールはいずれもロゼのみ。
Anjou Gamayアンジュー・ガメイ、AnjouVillagesアンジュー・ヴィラージュ、
Saumur Champignyソーミュール・シャンピニ、Saumur Puy-
Notre-Dameソーミュール・ピュイ・ノートル・ダムはいずれも赤のみ。

Rosé d'Anjouロゼ・ダンジューの品種／Touraine Azay-le-Rideauトゥーレーヌ・アゼ・ル・リドーの生産可能色、品種

ロゼを断じて
ロゼ、ロゼ・ダンジュー

愚弄するな！
グロウ
グロロー

畦にある井戸は開かない。
アゼ
（略）アゼ・ル・リドー　　　赤がない：ロゼ・白

愚弄するな！
グロロー

答え

ロゼ・ダンジューの品種：Grolleauグロロー、Grolleau Gris グロロー・グリ／トゥーレーヌ・アゼ・ル・リドーの生産可能色：ロゼ・白、ロゼの品種：グロロー

アンジュー＆ソーミュール地区の土壌名

ソーミュール土田君、
つちだ
ソーミュールの土壌

君は4歳からおせっかい？
テュフォー　　　　　　石灰岩
君＝(仏)tuテュ,4＝(英)フォー

答え

Tuffeauテュフォー（Anjou＆Saumur地区における石灰岩の土壌名）

Touraineトゥーレーヌ地区

Touraine Chenonceauxトゥーレーヌ・シュノンソー、Touraine Oislyトゥーレーヌ・オワズリーの生産可能色、品種

(トゥーレーヌ地区)**シュノンソー城で**
トゥーレーヌ　　　　(略)シュノンソー

紅白歌合戦。紅組はフランス人、
赤・白　　　　　　　赤　　　(略)フラン

白組はソビエト人。
白　　　ソーヴィニョン(略)

白組のソビエト人は
白　　　ソーヴィニョン(略)

歌詞忘れた!
(略)オワズリー

∥補足▶ シュノンソー城はロワール地方トゥーレーヌ地区に位置している。

答え
Touraine Chenonceaux：赤・白、赤：Cabernet
Francカベルネ・フラン／白：Sauvignon Blancソーヴィニョン・ブラン
Touraine Oisly：白のみ、Sauvignon Blanc

Touraine Noble Jouéトゥーレーヌ・ノーブル・ジュエの生産可能色、品種

(女)**「ロゼのジュエリー買ってぇ~。」**
ロゼのみ　　(略)ジュエ

(男)**「それは無理…。」**
ムニエ

答え
ロゼのみ、Meunierムニエ主体

Touraine Oislyトゥーレーヌ・オワズリーの生産可能色、品種

トゥーレーヌの終わり（しめ）は
Touraine Oisly

白いソバで！
白　SB：ソーヴィニョン・ブラン

答え

Touraine Oisly：白のみ（Sauvignon Blanc）

Touraineトゥーレーヌ地区、ロワール河右岸の重要AOC＆左岸の重要AOC（西から東へ）

「トゥーレーヌはブルグイユ・シノン、

ヴーヴレ・モンルイ」（を大声で繰り返して呼ぶ）

短縮形

トゥーレーヌの武士、武門。
ブルグイユ、シノン　ヴーヴレ、モンルイ（略）

補足 ブルグイユ（北・右岸）の対岸：シノン（南・左岸）／ヴーヴレ（北・右岸）の対岸：モンルイ（略）（南・左岸）／ブルグイユ＆シノンがヴーヴレ＆モンルイ（略）よりも西側にある。

〔位置関係図〕

```
                    （赤ワイン主体）    （白ワイン）
                 北・右岸 Bourgueil      Vouvray
ロワール河下流 ←─────────────●────────────── ロワール河上流
                 南・左岸 Chinon  Tours  Montlouis-sur-Loire
```

答え

右岸：（西から東へ）Bourgueilブルグイユ（Chinonの対岸、北側）、Vouvrayヴーヴレ（Montlouis-sur-Loireの対岸、北側）
左岸：（西から東へ）Chinonシノン（Bourgueilの対岸、南側）、Montlouis-sur-Loireモンルイ・シュール・ロワール（Vouvrayの対岸、南側）

Bourgueilブルグイユ、Saint-Nicolas de Bourgueil サン・ニコラ・ド・ブルグイユの生産可能色

「ブルグイユには白がないよ。」
_{ブルグイユ}　　　　　　_{白がない}

「そうだよねー。

白いブルドッグは見たことないもん。」
_{白はない}

答え
赤・ロゼ（白はない）

Chinonシノンの生産可能色

「シノンは赤が有名だが、
_{シノン}　　　　　_{ほとんどが赤}

ロゼと白もあるんだよ。」
_{わずかにロゼと白もある}

「へ～、知のんかった。」
_{シノン}

答え
赤・ロゼ・白

Vouvrayヴーヴレの生産可能色、品種、甘辛度

ヴーヴー言うのは潔白だからだ！
ヴーヴレ　　　　　　　　　　　　白のみ

受難を経て、酸いも甘いも
ジュナン
シュナン（略）　　　　　辛口〜甘口

噛み分けるのだ！

答え

生産可能色：白のみ／品種：Chenin Blancシュナン・ブラン／
甘辛度：辛口〜甘口

Chevernyシュヴェルニの生産可能色、品種

すべって、スベルに〜！
全て：赤・ロゼ・白　　シュヴェルニ

ピンピンそびえ立つ
P　N　P　N
<u>P</u>inot <u>N</u>oir　ソーヴィニヨン（略）

モノがないよ！

答え

赤・白・ロゼ、赤・ロゼ：Pinot Noirピノ・ノワール／白：
Sauvignon Blancソーヴィニヨン・ブラン、Sauvignon Grisソーヴ
ィニヨン・グリ

Cour-Chevernyクール・シュヴェルニの生産可能色、品種

クールな白ワイン、
クール・シュヴェルニ　　　白のみ

もらった！
ロモランタン

〔答え〕
白のみ、 Romorantinロモランタン

Valençayヴァランセの生産可能色、品種

ヴァランセ全部食べるなら、
　ヴァランセ　　　　赤・ロゼ・白

ソバージュ(ヘア)が顔面にかからぬよう、
SB：Sauvignon Blanc　　　ガメイ

必ずピンで留めるコト！
必ずブレンド　PN：Pinot Noir　　コット

| 補足 ▶ ヴァランセ：ロワール地方のシェーヴル(山羊乳)チーズ。

〔答え〕
赤・ロゼ・白、 赤・ロゼ：Gamayガメイ、Pinot Noirピノ・ノワール、
Côtコットの3種を必ずブレンド／白：Sauvignon Blanc
ソーヴィニヨン・ブラン

Jasnièresジャニエールの生産可能色

JASマークは
ジャス
Jasnières

「潔白食品」のみに付いている。
けっぱく　　白のみ

〔答え〕
白のみ(Chenin Blanc)

Orléansオルレアンの生産可能色、品種／Orléans-Cléryオルレアン・クレリの生産可能色、品種

（ジャンヌ・ダルクは）**オルレアンの皆を**
オルレアン　　　赤・ロゼ・白

ムニエ車道に解放。
Meunier　シャルドネ

夕暮れ赤くフランス万歳！
（略）クレリ　赤　カベルネ・フラン

> **補足** ジャンヌ・ダルクは「オルレアンの乙女」とも呼ばれ、百年戦争の際にイギリス軍に占領されていたオルレアンの解放に貢献した。

答え
オルレアンの生産可能色：赤・ロゼ・白、品種：赤・ロゼ：Meunierムニエ、白：Chardonnayシャルドネ／オルレアン・クレリの生産可能色：赤のみ、品種：Cabernet Franc カベルネ・フラン

Centre Nivernaisサントル・ニヴェルネ地区

Centre Nivernaisサントル・ニヴェルネ地区、ロワール河右岸のAOC（北から南へ）

【高飛車な女がレストランで注文】

ミー：右
Meは
右岸

プイィ・フュメ！
プイィ・フュメ＆プイィ・シュール・ロワール

補足 「プイィ」が付けば右岸。

答え

Pouilly Fuméプイィ・フュメ、Pouilly-sur-Loireプイィ・シュール・ロワール

「プイィ」が付くAOCの生産可能色

「プイィ」が付けば白のみ。

答え

Pouilly Fuméプイィ・フュメ、Pouilly-sur-Loireプイィ・シュール・ロワールは白のみ／ブルゴーニュ地方マコネ地区のPouilly-Fuisséプイィ・フュイッセ、Pouilly-Lochéプイィ・ロシェ、Pouilly-Vinzellesプイィ・ヴァンゼルも白のみ

Centre Nivernaisサントル・ニヴェルネ地区、ロワール河左岸のAOC（西から東へ）

「さあ、ルイベの監視はお城の
左岸　ルイィ　カンシー　(仏)シャトー(略)

サロンでしよう。」「賛成！」
(略)サロン　　　　　サンセール

||補足|| ルイベ：凍らせた魚を薄切りにした刺身

答え
Reuillyルイィ、Quincyカンシー、Châteaumeillantシャトーメイヤン、
Menetou-Salonムヌトゥ・サロン、Sancerreサンセール

Sancerreサンセールの生産可能色

何でも賛成する八方美人は
サンセール

何でもあり。
赤・ロゼ・白すべての色

答え
赤・ロゼ・白（赤・ロゼはPinot Noir、白はSauvignon Blanc）

Châteaumeillantシャトーメイヤンの生産可能色、品種

写メ、しょうがないなぁ！
シャトーメイヤン　白がない：赤・ロゼ

ガメついなぁ!!
ガメイ

答え
赤・グリ注、Gamayガメイ
注：Grisグリ：ロゼと同義

Quincyカンシーの生産可能色

監視は退屈で、
カンシー

しらけるなあ。
白のみ

答え
白のみ（Sauvignon Blanc）

Haut-Poitouオー・ポワトゥの生産可能色、主要品種

フランスのポワトゥー地方で、
フランス　　　（略）ポワトゥー

全部食べよう!
赤・ロゼ・白

フランとソバ!
カベルネ・フラン　Sauvignon Blanc

補足　ポワトゥー地方：フランス西部の旧地方名。ほぼ現在のド・セーヴル、ヴァンデ、ヴィエンヌの3県に相当する。中心都市はポワティエ
フランflan：カスタード・プディングのように軟らかく、やや弾力がある菓子

答え
赤・ロゼ・白、赤・ロゼ：Cabernet Francカベルネ・フラン／
白：Sauvignon Blancソーヴィニョン・ブラン

【Chapter 15 新酒、V.D.N.とV.D.L.】

V.D.N.

Banyuls Grand Cruバニュルス・グラン・クリュの生産可能色、樽熟成期間、品種

「**大将が晩に留守**」は真っ赤な嘘で、
バニュルス・グラン・クリュ　　　　　　　赤のみ

美和ちゃんとグルグル和んでる!
30ヶ月　　　　　グルナッシュ　75%以上

（３０）（７５なご）

答え
赤のみ。30ヶ月以上樽熟成。品種はGrenache（Noir）
グルナッシュ（ノワール）75%以上

V.D.N.においてhors d'âgeオル・ダージュ表示の意味

オル・ダージュの極意は「年代物の」。
オル・ダージュ　　　　　　5年後の9月1日

（５９１）

‖補足▶ hors d'âgeの訳は「年代物の」。

答え
最低でも収穫から5年後の9月1日まで熟成義務

新酒Vin de Primeurヴァン・ド・プリムール（Vin Nouveauヴァン・ヌヴォー）

ヴァン・ド・プリムールの規定が確立された年

ヌヴォーにいく無知。
ヴァン・ド・プリムール　　　1967年
=ヴァン・ヌヴォー

（１９６７）

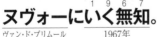

‖補足▶ 中国語で7は「チ」と発音する。

答え
1967年

【Chapter 15 新酒、V.D.N.とV.D.L.】

**V.D.L.においてFloc de Gascogneフロック・ド・ガスコーニュ
の生産可能色、添加するアルマニャックのアルコール度数**

ガス風呂があるけど、
<small>フロック・ド・ガスコーニュ　　アルマニャック</small>

扉が開かないよー、コニー！
<small>　　　　赤ない（白・ロゼ）　　　52度以上</small>

（答え）

アルマニャック　Floc de Gascogne V.D.L.　白・ロゼ
添加するアルマニャックのアルコール度数52度以上

**ブルゴーニュ、ボージョレ、マコンの新酒が認められて
いる色／ボルドー地方の新酒**

ブルゴーニュ白のみ、ボージョレ白ダメ、
クリュ・デュ・ボージョレ
もダメ、
マコン赤ダメ。
ボルドーなし。

×ボージョレ白　　×クリュ・デュ・ボージョレ

ブルゴーニュ白

×マコン赤　　×ボルドー

補足 元々のAOCの生産可能色と異なるので要注意。

（答え）

AOCブルゴーニュの生産可能色は赤・ロゼ・白だが、赤・
ロゼのプリムールは認められていない。
AOCボージョレの生産可能色は赤・ロゼ・白だが、白の
プリムールは認められていない。
クリュ・デュ・ボージョレは認められていない。
AOCマコンの生産可能色は赤・ロゼ・白だが、赤のプリ
ムールは認められていない。
ボルドーワインのプリムールはない。

【Chapter 16 Italy イタリア】

イタリア半島をブーツの形に見立て、つま先部分の州名、かかと(ヒール)部分の州名

カラフルなつま先、
カラブリア州　　　　つま先部分

プーヒール。
プーリア州　かかと部分

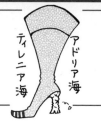

（答え）

つま先部分：Calabriaカラブリア州

かかと部分：Pugliaプーリア州

トスカーナ州が18世紀に行った原産地保護の例

七色ソープで(グラスを洗って)、小島さんは
なないろ
1716年　(略)ソプラ　　　　　　　　コジモ3世

ミポリンと軽い
ポミーノ　　カルミニャーノ

キアンティ飲んだ。
キアンティ

（答え）

トスカーナ大公コジモ3世がヴァル・ダルノ・ディ・ソプラ、ポミーノ、カルミニャーノ、キアンティのワイン産地の境界を定めた。

19世紀にキアンティの品種混合率を考案した人物、品種割合、考案した年

三条ナレーターと
サンジョヴェーゼ　　　70%

家内と丸ちゃんが
カナイオーロ　　マルヴァジーア(略)

イカソリはイヤな例!
リカーゾリ男爵　　　　1870年

（答え）

Sangioveseサンジョヴェーゼ70%、Canaiolo Neroカナイオーロ・ネーロ20%、Malvasia del Chiantiマルヴァジーア・デル・キアンティ10%／リカーゾリ男爵／1870年前後

Picolitピコリットの特徴

> **ヴェネツィアの**
> フリウリ・ヴェネツィア・ジューリア州
>
> **ピッコロは**
> ピコリット
>
> **とても小さい。**
> 生産量が極めて少ない

補足 ピッコロ：楽器の種類／Friuli-Venezia Giulia州の州都はTriesteトリエステ。Veneto州の州都がVenezia。混同しやすいので要注意。

（答え）

PicolitピコリットはFriuli-Venezia Giulia州のColli Orientali del Friuliなどで使用される品種。生産量が極めて少ない。

Nebbioloネッビオーロの別名

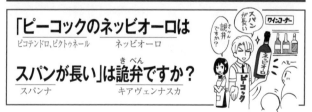

> **「ピーコックのネッビオーロは**
> ピコテンドロ、ピクトゥネール　　ネッビオーロ
>
> **スパンが長い」は詭弁ですか？**
> スパンナ　　　　　キアヴェンナスカ

（答え）

Nebbioloネッビオーロ＝（Valle d'Aostaにおいて）Picotendroピコテンドロ、Picoutenerピクトゥネール＝（Gattinaraにおいて）Spannaスパンナ＝（Valtellinaにおいて）Chiavennascaキアヴェンナスカ

ピエモンテ州・カンパーニャ州 土着の白ブドウ

彼女は白い山で凝って、
エルバルーチェ　白ブドウ ピエモンテ州 コルテーゼ

フィアンセ見つけてファラオで乾杯
フィアーノ　　　　　　　ファランギーナ　カンパーニャ州

答え

ピエモンテ州白ブドウ　Cortese、Erbaluce
カンパーニャ州白ブドウ　Fiano、Falanghina

新酒の販売可能日、醸造期間、瓶詰時期、造り方、ワインの品質分類

イタリアの新酒、鰯と秋刀魚に
Vino Novello　10　30 イワシ サンマ

一番合う!
零時1分

店内で造って、
テンナイ
10日以内　醸造

大晦日までに瓶詰め。
12月31日までに瓶詰め

ボージョレに倣ってMC法で
ボージョレ同様 なら　MC法
4　0

造るよう指令された地ワインとD.O.P.。
40%以上　I.G.P.　D.O.P.

答え

新酒Vino Novelloヴィーノ・ノヴェッロは10月30日 零時1分
以降販売可能。醸造期間は10日以内。12月31日までに
瓶詰めの必要あり。40%以上はボージョレ同様MC法
(マチェラチオン・カルボニカ)で造られるI.G.P.とD.O.P.
(D.O.C.G.&D.O.C.)

Piemonteピエモンテ州のD.O.C.G.(17)

ピエモンテのバルで明日も、ブラケットの
ピエモンテ州　バルベーラ・ダスティ、アスティ　(略)モンフェッラート ブラケット(略)

下でカビ臭いエロババーがteaなら幻滅。
ガヴィ　ローエロ　バローロ&　ガッティナーラ　ゲンメ
バルバレスコ

(彼女は)ドルチェとドリアにハマった
ドルチェット　ドリアーニ

ピアノ弾きの伯母だった!
ディアーノ　オヴァーダ

エルバのルーチェは軽そうで、
エルバルーチェ・ディ・カルーソ

ルケ(選手)はカスタネットも蹴る。
ルケ・ディ・カスタニョーレ　モンフェッラート ルケ

補足　バル：イタリアやスペインなどで酒類、軽食を出す店／ブラケット：壁に取り付ける照明器具／ドルチェ：(伊)デザート／ドリア：バターライスや具の入ったピラフにホワイトソース、チーズをかけてオーブンで焼いた料理／エルバ：トスカーナ州沖の島。ナポレオンの流刑地／ルーチェ：イタリアのフレスコバルディ社とアメリカ・カリフォルニアのロバート・モンダヴィ社が共同運営するトスカーナ州のワイナリー／ルケ選手：元アルゼンチン代表のサッカー選手またはスペイン代表のサッカー選手。

答え
Astiアスティ(非発泡、発泡／白甘口)、Barbera d'Astiバルベーラ・ダスティ(赤)、Barbera del Monferrato Superioreバルベーラ・デル・モンフェッラート・スペリオーレ(赤)、Brachetto d'Acquiブラケット・ダックイ／Acquiアックイ(発泡／赤)、Gaviガヴィ(白)、Roeroロエーロ(赤・白)、Baroloバローロ(赤)、Barbarescoバルバレスコ(赤)、Gattinaraガッティナーラ(赤)、Ghemmeゲンメ(赤)、Doglianiドリアーニ／Dolcetto di Dogliani Superioreドルチェット・ディ・ドリアーニ・スペリオーレ(赤)、Diano d'Albaディアーノ・ダルバ／Dolcetto di Diano d'Albaドルチェット・ディ・ディアーノ・ダルバ(赤)、Dolcetto di Ovada Superioreドルチェット・ディ・オヴァーダ・スペリオーレ(赤)、Erbaluce di Calusoエルバルーチェ・ディ・カルーソ／Calusoカルーソ(白／2010年認定)、Ruchè di Castagnole Monferratoルケ・ディ・カスタニョーレ・モンフェッラート(赤／2010年認定)
(2011年に以下のD.O.C.G.が追加となった)
Alta Langaアルタ・ランガ(発泡／ロゼ・白)
(2014年に以下のD.O.C.G.が追加となった)
Nizzaニッツァ(赤)

Lombardiaロンバルディア州のD.O.C.G.(5)

ロンバルディアには
ロンバルディア州

フランス人の凝った
フランチャコルタ

バレリーナが2人居て、
ヴァルテリーナが付くもの2つ

クラシックな方法で
(伊)Metodo Classico

俺と踊るのは好かんぞ!
オルトレポー(略)　　　　　　　　スカンツォ

答え

Franciacortaフランチャコルタ(発泡／ロゼ・白)、Valtellina
Superioreヴァルテリーナ・スペリオーレ(赤)、Sforzato di Valtellinaスフォルツァート・ディ・ヴァルテリーナ／Sfursat di Valtellinaスフルサット・ディ・ヴァルテリーナ(赤)、Oltrepò Pavese Metodo
Classicoオルトレポー・パヴェーゼ・メトド・クラッシコ(発泡／ロゼ・白)、
Scanzoスカンツォ／Moscato di Scanzoモスカート・ディ・スカンツォ
(赤甘口)

Venetoヴェネト州のD.O.C.G.(14)

ヴェネトのちょっと⁽脇が⁾甘いVのpoliceらは、
ヴェネト州　レチョート　アマローネ　Valpolicella

ちょっと「元祖
ガンソ
レチョート　㈱ガンベッラーラ
㈱ソアーヴェ

スーパーソバ」食って、
スペリオーレ　ソアーヴェ&
バルドリーノ

プロ発砲事件へ向かった。
プロセッコ 発泡酒

ダランと垂れた理想のマラノッテ。
㈱ダランチョ　リソン　㈱マラノッテ

答え

Recioto della Valpolicellaレチョート・デッラ・ヴァルポリチェッラ（赤甘口／2010年認定）、Amarone della Valpolicellaアマローネ・デッラ・ヴァルポリチェッラ（赤辛口／2010年認定）、Recioto di Gambellaraレチョート・ディ・ガンベッラーラ（白甘口）、Recioto di Soaveレチョート・ディ・ソアーヴェ（白甘口）、Soave（Classico）Superioreソアーヴェ（・クラッシコ）・スペリオーレ（白）、Bardolino（Classico）Superioreバルドリーノ（・クラッシコ）・スペリオーレ（赤）、Cogliano Valdobbiadene-Proseccoコネリアーノ・ヴァルドッビアデーネ・プロセッコ（発泡・弱発泡／白）、Colli Asolani-Proseccoコッリ・アゾラーニ・プロセッコ／Asolo-Proseccoアゾーロ・プロセッコ（発泡・弱発泡／白）、Colli Euganei Fior d'Arancioコッリ・エウガネイ・フィオール・ダランチョ（白中甘口〜甘口／2010年認定）、Piave Malanotteピアーヴェ・マラノッテ（赤／2010年認定）、Lison（Classico）リソン（・クラッシコ）（白／2011年認定）
（2011年に以下のD.O.C.G.が追加となった）
Colli di Coglianoコッリ・ディ・コネリアーノ（赤・白）、Bagnoli Friularoバニョーリ・フリウラーロ（赤）／Friularo Bagnoliフリウラーロ・バニョーリ（赤）、Montello Rossoモンテッロ・ロッソ（赤）

Lisonリソンの生産可能色、品種、州

理想は白身の
リソン　　白

鯛弁当！
Tai　ヴェネト州

【答え】

Lisonリソンの生産可能色：白のみ／品種：Taiタイ／州：ヴェネト州

Friuli-Venezia Giuliaフリウリ・ヴェネツィア・ジューリア州のD.O.C.G.(3)

フリウリのロマン道路を通り、
フリウリ・ヴェネツィア・ジューリア州　　ラマンドーロ

東洋風の丘でピッコロを
（伊）Colli Orientali　　　Picolit

甘く吹こう。
2つ共甘口

【答え】

Ramandoloラマンドーロ(白甘口、Verduzzo Friulanoヴェルドゥッツォ・フリウラーノ)、Colli Orientali del Friuli Picolitコッリ・オリエンターリ・デル・フリウリ・ピコリット(白甘口、Picolit)
(2011年に以下のD.O.C.G.が追加となった)
Rosazzoロサッツォ(白)

Emilia Romagnaエミリア・ロマーニャ州のD.O.C.G.(2)

エミリアの色白アルバーナが
エミリア・ロマーニャ州　　白ワイン　　ロマーニャ・アルバーナ

抱いているのは

ポニョじゃなく、ピニョ。
(略)ピニョレット

答え

Romagna Albanaロマーニャ・アルバーナ(白)、Colli Bolognesi Classico Pignolettoコッリ・ボロニェージ・クラッシコ・ピニョレット(白／2010年認定)

Toscanaトスカーナ州のD.O.C.G.(11)

トスカーナでは軽めのキアンティを
カルミニャーノ　　　　　　　キアンティ＆キアンティ・クラッシコ
モンモン

地味に飲んで、悶々とする
(略)ジミニャーノ　(略)モンタルチーノ＆(略)モンテプルチアーノ

のは好かんさ。
(略)スカンサーノ

（地味に飲んだから、しらふ。）
(略)ジミニャーノのみが白。残りは赤

エルバ島へ行こう!
エルバ(略)

補足　エルバ島：トスカーナ州沖の島。ナポレオンの流刑地。

答え

Carmignanoカルミニャーノ(赤)、Chiantiキアンティ(赤)、Chianti Classicoキアンティ・クラッシコ(赤)、Vernaccia di San Gimignano ヴェルナッチャ・ディ・サン・ジミニャーノ(白)、Brunello di Montalcinoブルネッロ・ディ・モンタルチーノ(赤)、Vino Nobile di Montepulcianoヴィーノ・ノビレ・ディ・モンテプルチアーノ(赤)、Morellino di Scansanoモレッリーノ・ディ・スカンサーノ(赤)、Elba Aleatico Passitoエルバ・アレアティコ・パッシート(赤／2011年認定)(2011年に以下のD.O.C.G.が追加となった)Montecucco Sangioveseモンテクッコ・サンジョヴェーゼ(赤)、Suveretoスヴェレート(赤)、Val di Cornia Rossoヴァル・ディ・コルニア・ロッソ(赤)／Rosso della Val di Corniaロッソ・デッラ・ヴァル・ディ・コルニア(赤)

Umbriaウンブリア州のD.O.C.G.（2）

ウンブリアはウンコブリブリで
ウンブリア州　　　　　　ウンブリア州

<ruby>錯乱<rt>サクラン</rt></ruby>しとるじゃーの!
（略）サグランティーノ　　トルジャーノ（略）

答え

Montefalco Sagrantinoモンテファルコ・サグランティーノ（赤）、Torgiano
Rosso Riservaトルジャーノ・ロッソ・リゼルヴァ（赤／ロッソ・リゼルヴァの
みがD.O.C.G.）

Lazioラツィオ州のD.O.C.G.（3）

ラジオ消さないで、
ラツィオ州　　　チェサネーゼ

ビリ男!
ピリオ

答え

Cesanese del Piglioチェサネーゼ・デル・ピリオ（赤）
（2011年に以下のD.O.C.G.が追加となった）
Frascati Superioreフラスカーティ・スペリオーレ（白）、Cannelli-
no di Frascatiカンネッリーノ・ディ・フラスカーティ（白甘口）

CampaniaカンパーニャのD.O.C.G.(4)

カンパーニアで、(色白)フィアンセの阿部 理乃が
カンパーニア州　　　白　　　　フィアーノ・ディ・アヴェッリーノ

ダブルのギリシャの(白い)豆腐食べ、
(略)ダブルノ　ギリシャ=(伊)Greco：グレーコ・ディ・トゥーフォ(白)

(真っ赤な血を吐き)倒れ死に。
赤　　　　　　　　タウラージ

答え

Fiano di Avellinoフィアーノ・ディ・アヴェッリーノ(白)、 Aglianico del Taburnoアリアニコ・デル・ダブルノ(赤・ロゼ)、Greco di Tufoグレーコ・ディ・トゥーフォ(白)、 Taurasiタウラージ(赤)

Basilicataバジリカータ州のD.O.C.G.(1)

スーパーブルートレイン(の夜食)で2個出る
スペリオーレ　　　　　アリアーニコ・デル・ヴルトゥレ

のはバジリコ(スパゲッティ)。
バジリカータ州

答え

Aglianico del Vulture Superioreアリアーニコ・デル・ヴルトゥレ・スペリオーレ(赤／2010年認定)

Marcheマルケ州のD.O.C.G.(5)

マルケでお姫様の(赤い)セーラー服に
マルケ州　オッフィーダ　共に赤ワイン　(略)セッラペトローナ

泡立ったペトロールがかかった!
弱発泡性　(仏)pétrole=石油：(略)セッラペトローナ

このヤロー!(間抜け!)
コーネロ　マルケ州

(オレ様は)ヴェルディ(サポーターの)、
ヴェルディッキオ

粕照茉莉花だっ!
カステリ マリカ
カステッリ　マテリカ

答え

Offidaオッフィーダ(赤・白／2011年認定)、Vernaccia di
Serrapetronaヴェルナッチャ・ディ・セッラペトローナ(弱発泡／赤辛口～
甘口)、Coneroコーネロ(赤)／Castelli di Jesi Verdicchio
(Classico)Riservaカステッリ・ディ・イエージ・ヴェルディッキオ(・クラシッコ)・リゼルヴァ
(白／2010年認定)／Verdicchio di Matelica Riserva
ヴェルディッキオ・ディ・マテリカ・リゼルヴァ(白／2010年認定)

Abruzzoアブルッツォ州のD.O.C.G.(1)

アブルッツォの丘で寺マネ
アブルッツォ州　(伊)Colline　テラマーネ

(=寺で修行のマネ事をすること)

したらアカン?
赤

答え

Montepulciano d'Abruzzo Colline Teramaneモンテプル
チャーノ・ダブルッツォ・コッリーネ・テラマーネ(赤)

Pugliaプーリア州のD.O.C.G.（4）

答え

（2011年に以下のD.O.C.G.が追加となった）
Castel del Monte Bombino Neroカステル・デル・モンテ・ボンビーノ・ネーロ（ロゼ）、Castel del Monte Nero di Troia Riservaカステル・デル・モンテ・ネーロ・ディ・トロイア・リゼルヴァ（赤）、Castel del Monte Rosso Riservaカステル・デル・モンテ・ロッソ・リゼルヴァ（赤）、Primitivo di Manduria Dolce Naturaleプリミティーヴォ・ディ・マンドゥリア・ドルチェ・ナトゥラーレ（赤甘口）

Sardegnaサルデーニャ州のD.O.C.G.（1）

サルデーニャに（色白）
白

ギャルら（を連れて行く）♪
（略）Gallura

答え

Vermentino di Galluraヴェルメンティーノ・ディ・ガッルーラ（白）

Siciliaシチリア州のD.O.C.G.（1）

シチリアの（赤い）
赤

Victoriaでチェロ
チェラスオーロ・ディ・ヴィットリア

から聴こうぜ！
カラブレーゼ

答え

Cerasuolo di Vittoriaチェラスオーロ・ディ・ヴィットリア（赤、Calabreseカラブレーゼ／2005年認定）

Piemonteピエモンテ州の主なD.O.C.

バラバラのドルをちょっと
バルベーラ　　　　　　　　ドルチェット

持って(ジェシカ・)アルバが
(略)Alba

行くのは(銘醸地)ピエモンテ。
ピエモンテ州

補足 ▶ ジェシカ・アルバ：アメリカの女優

答え

Barbera d'Albaバルベーラ・ダルバ(赤)、Dolcetto d'Albaドルチェット・ダルバ(赤)

Lombardiaロンバルディア州の主なD.O.C.

俺とレポートを書こうぜ、
オルトレポー・パヴェーゼ

Londonで!
Lombardia州

答え

Oltrepò Pavese オルトレポー・パヴェーゼ(赤・ロゼ・白)

Trentino-Alto Adigeトレンティーノ・アルト・アディジェ州の主なD.O.C.

TeroldegoはTrentino。(頭3文字が共通)

答え

Teroldego Rotalianoテロルデゴ・ロタリアーノ(赤・ロゼ)

Venetoヴェネト州の主なD.O.C.

普通のVのpoliceらは、
スペリオーレが付かない ヴェネト州　　Valpolicella

普通のソバを食う。
スペリオーレが付かない ソアーヴェ&
バルドリーノ

答え

Valpolicellaヴァルポリチェッラ(赤)、Soaveソアーヴェ(白)、
Bardolinoバルドリーノ(赤・ロゼ)

Emilia Romagnaエミリア・ロマーニャ州の主なD.O.C.

ソル バラ
反る腹で乱舞する娘は
ランブルスコ・ディ・ソルバーラ

こ

エミリー!!

エミリー。
エミリア・ロマーニャ州

答え

Lambrusco di Sorbaraランブルスコ・ディ・ソルバーラ(弱発泡／
赤・ロゼ)

【Chapter 16 イタリア】

Liguriaリグーリア州の主なD.O.C.

リヴィエラで甘い水飲んで、
リヴィエラ(略)　　(伊)ドルチェアクア

チンクエ・テッレは
チンクエ・テッレ

リグーリア海岸で。
リグーリア州

リグーリア海岸

補足 リヴィエラ：イタリア北西部の地中海沿岸地帯／Dolceacquaドルチェアクア：
(伊)甘い水／Cinque Terreチンクエ・テッレ：(伊)5つの土地／
リグーリア海岸：リグーリア海に面する海岸

答え
Riviera Ligure di Ponenteリヴィエラ・リグーレ・ディ・ポネンテ(赤・
白)、Rossese di Dolceacquaロッセーゼ・ディ・ドルチェアクア(赤)、
Cinque Terreチンクエ・テッレ(白)

Toscanaトスカーナ州の主なD.O.C.

ボルゲリでぼると下痢する
ボルゲリ

トスカーナ人。
トスカーナ州

答え
Bolgheriボルゲリ(赤・ロゼ・白)

168

Umbriaウンブリア州の主なD.O.C.

「世界一美しい丘上都市」

オルヴィエート
Orvieto

でウンコブリブリ…。
Umbria

オルヴィエート

補足 オルヴィエートは「世界一美しい丘上都市」と呼ばれている。

答え

Orvietoオルヴィエート(白)

Lazioラツィオ州の主なD.O.C.

真理の白いスカートが
Marino　白　　Frascati

あった! あった!! あった!!!
Est! Est!! Est!!! (略)

ラッキー!!!!
ラツィオ州

あったあったあったラッキー!!!!!!!!

真理

補足 Est !Est !!Est !!!は「ある!ある!!ある!!!」のラテン語

答え

Marinoマリーノ(白)、Frascatiフラスカーティ(白)、Est! Est!!
Est!!! di Montefiasconeエスト! エスト!! エスト!!! ディ・モンテフィアス
コーネ(白)

Campaniaカンパーニア州の主なD.O.C.

Vesuvio火山が噴火して、
ヴェズーヴィオ

キリストは涙ながらに12使徒と
キリストの涙：(伊)Lacryma Christi　　12%

椅子に座って乾杯。
イスキア　　　　　　　カンパーニア州

補足 ヴェズーヴィオ火山：カンパーニア州にある火山。紀元後79年8月24日の大噴火が有名であり、この時火砕流でポンペイ市を、泥流でヘルクラネウム（現在のエルコラーノ）を埋没させた／12使徒：イエス・キリストが福音を伝えるために特に選んだ12人の弟子。

答え
Vesuvioヴェズーヴィオ(赤・ロゼ・白／アルコール度数12%vol.以上のものはLacryma Christi del Vesuvioラクリマ・クリスティ・デル・ヴェズーヴィオを名乗れる)、Ischiaイスキア(赤・白)

Calabriaカラブリア州の主なD.O.C.

全部空振りしろ！
赤・ロゼ・白色　カラブリア州　　Cirò

答え
Ciròチロ(赤・ロゼ・白)

Abruzzoアブルッツォ州の主なD.O.C.

コントロールして
コントログェッラ

アブ
炙るっつぉ！
(略)ダブルッツォ、アブルッツォ州

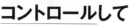

【答え】

Controguerraコントログェッラ（赤・白）、Montepulciano d'Abruzzoモンテプルチアーノ・ダブルッツォ（赤・ロゼ）

Moliseモリーゼ州の主なD.O.C.

「ペトロはビーフ好き」が
ペントロ(略)　　　ビフェルノ

モーゼの預言。
モリーゼ、モリーゼ州

【補足】ペトロ：キリストに従った使徒たちのリーダー／モーゼ：古代イスラエルの民族指導者。もっとも重要な預言者の一人。「モーセ」ともいう。

【答え】

Pentro di Iserniaペントロ・ディ・イセルニア（赤・ロゼ・白）、Biferno ビフェルノ（赤・ロゼ・白）、Moliseモリーゼ（赤・白）

Puglia プーリア州の主な D.O.C.

サリーちゃん家の
サリーチェ（略）

デルモンテ（ケチャップ）、
（略）デル・モンテ

プリンに合う？ 原始的!
プリンディジ、プーリア州　（英）primitive：プリミティーヴォ（略）

原始的!

プリンに合う？

デルモンテ

（答え）

Salice Salentino サリーチェ・サレンティーノ（赤・ロゼ・白）、Castel del Monte カステル・デル・モンテ（赤・ロゼ・白）、Brindisi ブリンディジ（赤・ロゼ）、Primitivo di Manduria プリミティーヴォ・ディ・マンドゥーリア（赤）

Sardegna サルデーニャ州の主な D.O.C.

檻(に入った)スターの
（略）オリスターノ

猿芝居。
サルデーニャ州

うきー

（答え）

Vernaccia di Oristano ヴェルナッチャ・ディ・オリスターノ（白）

Siciliaシチリア州の主なD.O.C.

今更エコナで
<small>マルサーラ　エトナ</small>

マスカットパン？
<small>モスカート・ディ・パンテッレリーア</small>

^{シチ}七グラム痩せるかも。
<small>シチリア州</small>

補足 ｜ エコナ：終売になった花王の食用油ブランド

答え

Marsalaマルサーラ(フォーティファイド・ワイン／赤・白)、
Etnaエトナ(赤・ロゼ・白)、Moscato di Pantelleriaモスカート・
ディ・パンテッレリーア(白)

マルサーラが初めて造られた州、造った人物、造った年

シチリアで今更、
<small>シチリア州　　マルサーラ</small>

木の家？
<small>ウッドハウス</small>

¹い～⁷な～、⁷³波(音聞けて)。
<small>1773年</small>

答え

州：シチリア／人物：ジョン・ウッドハウス／年：1773年

明るい色調のロゼワイン、色の濃いロゼワインの用語

最近のロゼの様に明るい
明るいロゼワイン

キアンティを飲むより、
キアレット

ダークチェリーを
色調の濃い　チェラスオーロ

かじった方がまし。

【答え】

色調の明るいロゼワイン：Chiarettoキアレット
色の濃いロゼワイン：Cerasuoloチェラスオーロ

スペインのワイン法に基づき設立された機関名

SP<u>AIN</u>の<u>DO</u>は<u>INDO</u>が管轄。
スペイン　　ディーオー　　インド

答え
INDO（原産地呼称庁、後に品質呼称局と改名）

Cariñenaカリニェナの別名

マス<u>エロ本</u>なんか<u>借りねーな</u>。
Mazuelo　　　　　　　　　カリニェナ

答え
Cariñenaカリニェナ＝Mazueloマスエロ＝（仏）Carignanカリニャン

Monastrellモナストレルの別名

頭文字はいずれもM。

<u>ムール</u>貝を<u>皆捨てるん</u>
ムールヴェドル　　　モナストレル

だって？ <u>待ってろ</u>！
マタロ

待てろ！

答え
Monastrellモナストレル＝（仏）**M**ourvèdreムールヴェドル＝（米）・
（豪）**M**ataroマタロ

Tempranilloテンプラニーリョの別名

テンプラニーリョの別名は<u>センシティブ</u>な
センシベル

「ラ・マンチャの男」、カタルーニャの野兎の目、
ラ・マンチャ　　　　　　　　　　（西）：Ull de Llebreウル・デ・リェブレ

<u>レオンの繊細なパイ</u>、<u>サモーラのトロ</u>、
カスティーリャ・レオン（西）fino(略)パイス　　サモーラ　ティンタ・デ・トロ

そしてマドリード。
ティント・デ・マドリード

┃┃補足▶ ラ・マンチャの男：セルバンテスの小説「ドン・キホーテ」をもとにしたミュージカル作品。

┃答え┃

Tempranilloテンプラニーリョの別名はラ・マンチャでCencibelセンシベル、カタルーニャでUll de Llebreウル・デ・リェブレまたはOjo de Llebreオホ・デ・リェブレ、カスティーリャ・レオンでTinto Finoティント・フィノまたはTinto del Paisティント・デル・パイス、サモーラでTinta de Toroティンタ・デ・トロ、マドリードでTinto de Madridティント・デ・マドリード

品質分類

┃答え┃

地理的表示付きのワイン
保護原産地呼称ワイン（A.O.P.）

<u>**V.P.C.=Vino de Pago Calificado**上質単一ブドウ畑限定ワイン</u>
<u>**V.P.=Vino de Pago**単一ブドウ畑限定ワイン</u>
D.O.Ca.特選原産地呼称ワイン
D.O.原産地呼称ワイン
<u>V.C.I.G.=Vino de Calidad con Indicación Geográfica地域名付き高級ワイン</u>

地理的表示付きのワイン
保護地理表示ワイン（I.G.P.）

Vino de la Tierra地酒

地理的表示のないワイン

Vino

熟成規定

「ノーブルAVは嫌？兄さん。
　Noble　Añejo Viejo 18ヶ月 2年 3年

むっつりしない！しない！」
　　600ℓ

答え

Nobleノーブル：18ヶ月年以上熟成
Añejoアニエホ：2年以上熟成
Viejoビエホ：3年以上熟成
樽熟成させる場合、樽の容量は600ℓ以下(除.Vino de Mesa)

高級ワインの熟成規定(赤ワインの規定)

熟成期間2年＋3年＝5年、
　　Crianza　Reserva　Gran Reserva
　　2年以上　3年以上　5年以上
笹の樽熟期間は半分未満。
　330ℓ　いずれも樽熟成期間は総熟成期間の半分未満である

答え

V.C.、D.O.、D.O.C.の高級ワインは以下の表記を併用または単独で表示可能(シェリー、カバを除く)。いずれも樽の容量は330ℓ以下
Crianzaクリアンサ：2年以上(内樽熟成0.5年以上、Ribera del Dueroは1年以上)
Reservaレセルバ：3年以上(内樽熟成1年以上)
Gran Reservaグラン・レセルバ：5年以上(内樽熟成1.5年以上)

RiojaリオハがD.O.C.a認定された年

（リオハ好きの）**理緒は初の**
リオ
リオハ　　　　　初のD.O.C.a

一級くノー（くのいち）。
１　９　９　１
1991年

> **補足** クノー（くのいち）は忍者の隠語で女性のことを指し、仕事の仕掛けに女性を使うことを「くのいち術」と呼ぶ。

答え

リオハが1991年にスペインで初めてD.O.C.a認定された。

リオハの特徴

理緒はエプロンが似合い、
リオハ　　　エブロ河

三色天ぷらが得意な
赤・ロゼ・白 テンプラニーリョ

三浦ガール。
ビウラ　ガルナッチャ・ティンタ、
ガルナッチャ・ブランカ

答え

エブロ河上流に位置／生産可能色：赤・ロゼ・白／赤・ロゼの主要品種：Tempranilloテンプラニーリョ、Garnacha Tintaガルナッチャ・ティンタ／白の主要品種：Viuraビウラ（＝Macabeoマカベオ）、Garnacha Blancaガルナッチャ・ブランカ

Riojaの産地区分（西から東へ）／それぞれの質

リオハはAltaとAlavesa、

そしてOriental。

補足 A級はB級より上質。

答え

河の上流から下流へRioja Altaリオハ・アルタ（最上流）、Rioja
Alavesaリオハ・アラベサ（中流）、Rioja Orientalリオハ・オリエンタル
（下流）

La Manchaラ・マンチャの特徴

ラ・マンチャの男は
ラ・マンチャ

スペイン最強で、
スペイン最大

「（国民を）世界一愛してます！」
世界で栽培面積最大

補足 ラ・マンチャの男：セルバンテスの小説「ドン・キホーテ」をもとにしたミュージカル作品。

答え

スペイン最大かつ世界最大の産地

Rías Baixasリアス・バイシャスの主要品種、栽培方法

リアス式海岸での
リアス・バイシャス

アルバイトは
アルバリーニョ

（危険だから）**棚にあげる。**
棚式栽培

【答え】

Albariñoアルバリーニョ、樹勢の強さと多湿のため棚式栽培
（ペルゴラ）が行われている。

Cavaカバの主要品種、熟成期間、主産地

【カバパーティ会場にて】

真壁を三浦に紹介し、私は
マカベオ　　ビウラ

ちゃっかりパエーリャだ!
チャレッロ　(スペイン風炊き込みご飯):パレリャーダ

(でも)**主に食ったのは**
主産地9割以上

硬いペンネで、
カタルーニャ州　　ペネデス
9　15　　　3　0

木苺・サンマ入りだ!
9ヶ月、15ヶ月　　30ヶ月

(答え)

Cava(白)の主要品種はMacabeoマカベオ = Viuraビウラ、Xarel-loチャレッロ、Parelladaパレリャーダ。主産地(生産量の95%)はPenedésペネデスを中心とするカタルーニャ州。熟成期間は9ヶ月。カバ・レセルバは15ヶ月、カバ・グラン・レセルバは30ヶ月

Cavaのペネデスを中心とするカタルーニャ州における主要産地、その生産割合

ペンネの85%を
ペネデス　　85%

矢野さんが猿に(食べさせた)。
サン・サドゥルニ・ダ・ノヤ

(答え)

ペネデスを中心とするカタルーニャ州において生産量85%がSaint Sadurní d'Anoiaサン・サドゥルニ・ダ・ノヤ産

181

良質のシェリーを産する三角地帯の3つの町、シェリーの土壌名、熟成方法

マリア様が乗ってる
(略)サンタ・マリア

サンルーフcarはでたらめだ!
サンルーカル・デ・バラメーダ

ヘレスがフロントにあるから。
ヘレス・デ・ラ・フロンテーラ

(運転手の)色白アルバイト理沙は
白い石灰質土壌　　　アルバリサ

それらをクリア、寺で寝た。
ソレラ、ソレラ・システム　　クリアデラ　　熟成

答え

三角地帯の3つの町：El Puerto de Santa Maríaエル・プエルト・デ・サンタ・マリア、Sanlúcar de Barramedaサンルーカル・デ・バラメーダ、Jerez de la Fronteraヘレス・デ・ラ・フロンテーラ

土壌：白い石灰質土壌。「Albarizaアルバリサ」と呼ばれている。

熟成方法：ソレラ・システムを採用。積み重ねられた樽の最下段を「ソレラ」、それより上部の樽を「クリアデラ」と呼ぶ（最下段から2段目：「第1クリアデラ」、3段目：「第2クリアデラ」）

シェリーの分類、それぞれの特徴

フロール付きのフィノ。
フロールが付いたタイプ　　　フィノ

潮風と共にバラ男去りぬ。
塩気を感じる　(略)バラメーダ　マンサニーリャ

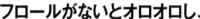

熟成させるとアーモンド香味。
フィノを熟成させると　アモンティリャード、ナッツ香味

フロールがないとオロオロし、
フロールが発達しなかったタイプ　　　オロロソ

青い稀少なPCに向かう。
アモンティリャードの香り　稀少タイプ　Palo Cortado
とオロロソのボディをもつ

【答え】

Finoフィノ：フロールが付いたタイプ。外観は淡く、味わいはドライ／Manzanillaマンサニーリャ：サンルーカル・デ・バラメーダ産のフィノ。塩気を感じる／Amontilladoアモンティリャード：フィノを熟成させたタイプ。琥珀色でナッツ風味／Olorosoオロロソ：フロールが発達しなかったタイプ。酸化させて豊かな香りとデリケートなコク、深みをもたせたタイプ／Palo Cortadoパロ・コルダド：アモンティリャードの香りとオロロソのボディをもつ稀少タイプ

シェリーの熟成年数保証表示の表示名、それぞれの熟成年数

Very Old Sherryは二十歳以上、
VOS　　　　　　　　　　　　　　　　　20年以上

Rareが付いて三十路以上。
VORS　　　　　　　　　　30年以上

答え

VOS（Very Old Sherry）：20年以上熟成
VORS（Very Old Rare Sherry）：30年以上熟成

イギリスと「メシェン条約」が締結された年

美男とおっさんの
1 7 0 3
1703年

取り決め、
締結

メシェン条約。
メシェン条約

メシェン条約

答え

イギリスと「メシェン条約」が締結されたのは1703年。

ポルトが原産地管理法の指定を受けた年、その基礎を作った人

「ポルトはイーナ」と公務員の
ポルト　　　1 7 　　　　 5 6
1756年

ポンバルはポン!
ポンバル侯爵

と法律作った。
原産地管理法

答え

1756年、ポルトが原産地管理法の指定を受けた。その基礎を作ったのが首相・ポンバル侯爵

ポルトガルの酒精強化ワイン

「ポルトガルのポルトはまだか？」と、
ポルトガル　　　　　ポルト　　　　　マデイラ

せっつくのはもしかして
モスカテル・デ・セトゥバル

軽壁 ロス彦さん？
カル カベ　　ヒコ
カルカヴェロス　　ピコ

【答え】

Portoポルト、Madeiraマデイラ、Moscatel de Setúbalモスカテル・デ・セトゥバル、Carcavelosカルカヴェロス、Picoピコ

ポルトの畑の格付けを何というか／ポルトの造り方、熟成させる町

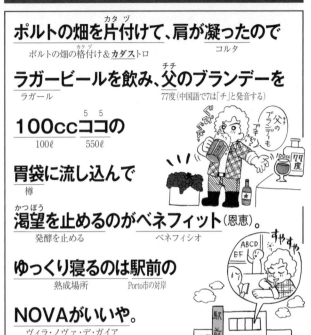

ポルトの畑を片付けて、肩が凝ったので
ポルトの畑の格付け＆**カダ**ストロ　　　　　　　　　　　　コルタ

ラガービールを飲み、父のブランデーを
ラガール　　　　　　　　　77度(中国語で7は「チ」と発音する)

100ccココの
100ℓ　　550ℓ

胃袋に流し込んで
樽

渇望を止めるのがベネフィット(恩恵)。
発酵を止める　　　　　　ベネフィシオ

ゆっくり寝るのは駅前の
熟成場所　　　　Porto市の対岸

NOVAがいいや。
ヴィラ・ノヴァ・デ・ガイア

【答え】

ポルトの畑の格付け：Cadastroカダストロ
ポルトの造り方：ラガールという発酵槽にブドウを入れ、足で踏み潰す(コルタ)。77度のブランデーを550ℓの樽に100ℓ入れて発酵を止める(ベネフィシオ)
ドウロ河河口Porto市の対岸Vila Nova de Gaiaヴィラ・ノヴァ・デ・ガイアで熟成

カダストロは何段階に格付けされているか

カダストロは6段階。

答え

カダストロはA〜Fの6段階に格付けされている。

公的に決められたスペシャルタイプのポルトの規定

Vintage：樽熟2〜3年、瓶詰め2年目真ん中から1年、申請2年目頭から9ヶ月

L.B.V.：樽熟4〜6年、瓶詰め4年目真ん中から2年半、申請4年目3月から7ヶ月

Colheita：樽熟7年、申請3年目真ん中から半年

Tawny with an Indication of Age：表示4種類

Light Dry White Port：白16.5度以上

答え

Vintage Port：収穫から2年目の1月から9月までにI.V.D.P.へ申請。収穫から2年目の7月初めから3年目の6月までに濾過せずに瓶詰め。ルビー色

Late Botteled Vintage Port（L.B.V.）：収穫から4年目の3月から9月にI.V.D.P.へ申請。収穫から4年目の7月から6年目の年末までに瓶詰め。ルビー色

Colheita：収穫から3年目の7月から年末にI.V.D.P.へ申請。瓶詰めは7年後から行う。トウニー色（黄褐色）

Tawny with an Indication of Age：平均樽熟成期間を表示。10年・20年・30年・40年超の4つの表示がある。トウニー色

Light Dry White Port：比較的辛口のポルト。16.5％vol.以上。白色

マデイラ（品種名表示）の主な4つのジャンル（辛口から甘口へ）

マデイラのSV（サマーヴァケーション）で
マデイラ　　　　　　　Sercial、Verdelho

BM（ビーエム）乗ろう！
Boal＝Bual、Malvasia＝Malmsey

【答え】
Sercialセルスィアル（辛口）、Verdelhoヴェルデーリョ（中辛口）、Boalボアル（中甘口）、Malvasiaマルヴァジア ＝Malmseyマルムジー（甘口）

マデイラ製造中、添加するブランデーのアルコール度数

マデイラに入れるブランデーは黒（96）。
マデイラ　　　　　　　　　　　　96度

【答え】
96度

マデイラの高級品の加熱方法名、普及品の加熱方法名

マデイラの官邸（カンテイ）で飲むのは高級品。
マデイラ　　カンテイロ　　　　　　高級品

庶民のエサはクッパ。
普及品　エストゥファ　クーバ（略）

▌補足▌ カンテイロ：倉庫のガラス窓のある屋根裏部屋や屋根の薄い専用倉庫／クーバ・デ・カロール：タンクの内部または外周に通した管の中に湯を循環させてタンク内のワインを温める方法／クッパ：飯に具だくさんのスープをかけた韓国料理。

【答え】
高級品はカンテイロで加熱、普及品はクーバ・デ・カロール（＝エストゥファ）で加熱

品種名表示マデイラの規定

マデイラの
マデイラ

⁸⁵箱に品種が書いてあったら、
品種名表示のマデイラは、表示品種を85％以上使用

5年待とう。
5年間以上熟成

答え

表示してある品種を85％以上使用、5年間以上熟成

Frasqueiraフラスケイラ＝Garrafeiraガラフェイラ（収穫年表示のマデイラ）の熟成期間、表示品種の使用比率

フラスケイラは
フラスケイラ

一切混ぜずに
表示品種100％使用

成人式で飲もう！
樽熟成20年以上

答え

樽熟成20年以上。 表示品種を100％使用義務

ドイツワイン13限定生産地域（Bestimmter Anbaugebiete）（西から東へ、北から南へ）

初級者用

【野球選手モーゼの描写】

アールを見てるモーゼは萎え、（ボールの）**ラインが**
アール　ミッテルライン　モーゼル　ナーエ　　　　　　　ラインガウ

変な線に見えファールした。（バットを）**へし折り、**
ラインヘッセン　　　　ファルツ　　　　　　　　　ヘッシェ（略）

バーでフランケン（シュタイン）**と**
バーデン　フランケン

ビールを10本ヤケ酒し、
ヴュルテンベルク

涙ザーザー。
ザーレ（略）、ザクセン

上級者用

ここまでアルファベット順→
AMMNRRP、エッチなバーでフランケンと
Ahr, Mittelrhein, Mosel,　　Hessische-　Baden　Franken
Nahe, Rheingau, Rheinhessen, Pfalz　Bergstraße

ダブル
W（で飲んだ）**、SS。**
Württemberg　Saale-Unstrut, Sachsen

答え

Ahrアール、 Mittelrheinミッテルライン、 Moselモーゼル、 Nahe
ナーエ、 Rheingauラインガウ、 Rheinhessenラインヘッセン、 Pfalz
ファルツ、 Hessische-Bergstraßeヘッシッェ・ベルクシュトラーセ、
Badenバーデン、 Frankenフランケン、 Württembergヴュルテンベルク、
Saale-Unstrutザーレ・ウンストルート、 Sachsenザクセン

ドイツワイン生産地域は北緯何度から何度の範囲内にあるか

米子に来たのはどいつだ！

47 5 2
<u>47～52度</u>　<u>北緯</u>　　　　　<u>ドイツ</u>

答え

北緯47～52度

ドイツワインの歴史

最初のワインを造った民族、造られた年代、原料ブドウの種類(属)

古代ローマ人が紀元前に

<small>ドイツで最初のワインを造った民族　　　　紀元前</small>

100%野生の汁で初めて

<small>100年頃　　野生ブドウ　　(略)**シル**ヴェストリス</small>

ワインを造った。

答え

紀元前100年頃：古代ローマ人が野生ブドウのヴィティス・シルヴェストリスで初めてワインを造った。

最初にヴィティス・ヴィニフェラ系ブドウが植えられた時期、その品種、その場所

最初のヴィニフェラは
最初のヴィティス・ヴィニフェラ系ブドウ

一二を争う彼女で、
_{いちに}
1〜2世紀頃　　　(仏)Elleエル：Elbling

（古代ローマ人たちは）

取り合った。
トリアー近郊

ヴィニフェラはオレのだ!!

答え

1〜2世紀頃：古代ローマ人がヴィティス・ヴィニフェラ系のElblingエルブリングをTrierトリアー近郊(モーゼル地域)に植えた。

2世紀開墾した地域、今でも残されている遺跡

「今元気だから平和だに」と（古代ローマ人は）
ノイマーゲン　　　から　　（英）peace：　2世紀
　　　　　　　　　　　　　　ピースポート

初めて思った。
初めてブドウ畑が造られた

運搬船と城門の
ヴァインシッフ　　　ポルタニグラ

取り合いは止めた。
トリアー

答え

2世紀：古代ローマ人によってNeumagenノイマーゲンから
Piesportピースポート付近一帯（モーゼル地域）に初めてブドウ
畑が造られた。

Neumagenから発掘されたワイン運搬船の石の彫刻
（Weinschiffヴァインシッフ）、Trierトリアーに今でも残されている
城門（Porta Nigraポルタニグラ）は古代ローマ人が残したもの。

カール大帝がワイン造りの普及をはかり、ワイン造りが発展し、品質が向上した時期

カールが軽〜く
カール大帝　　　カール大帝

実力発揮。
8～9世紀

補足 カール大帝：シャルルマーニュ大帝(仏)、チャールズ大帝(英)が別名。742～814年、フランク国王

答え

8～9世紀

ベネディクト派修道院の開設年、場所

ベネトンを修道院で夜半に着る
(ファッションブランド)：ベネディクト派修道院　　　Johannisberg

人々、サマになってる。
1130年

答え

1130年頃：Benedictベネディクト派修道院(ヨハニスベルク城の前身)がJohannisbergヨハニスベルクに開設

シトー派修道院の開設年、場所

人は修道院のいいサロンで
シトー派修道院　　　　1136年

苦労してバッハを聴くべし。
クロスター　エーベルバッハ

<答え>
1136年、シトー派修道院クロスター・エーベルバッハが
エーベルバッハに開設

ヨハニスベルク城でシュペートレーゼが発見された年

夜半遅くに発見する
ヤ ハン
Johannisberg　遅摘み法の発見

柔軟な子。
1 7 7 5
1775年

<答え>
1775年：ヨハニスベルク城でシュペートレーゼ（遅摘み法）
発見(JSA教本に掲載なし)

ヨハニスベルク城でアウスレーゼが開発された年

夜半にどの房選ぶか？
ヤ ハン
Johannisberg　　（独）Auslese

はい一悩み。
1 78 3
1783年

<答え>
1783年：ヨハニスベルク城でアウスレーゼの開発(JSA
教本に掲載なし)
※ドイツワインの歴史はここまで

ドイツの黒ブドウ交配品種の代表的なもの

ドイツで黒髪(くろかみ)、ドンドン増えて
ドイツ　　黒ブドウ　　　　　　ドルンフェルダー

ヘルヘロ(交わった)。伝説の(レジェンド)
ヘルフェンシュタイナー×　　交配品種　　Regent
ヘロルドレーベ

シルバーミラー(見ながら)シャンプーし、
シルヴァーナー×ミュラー・トゥルガウ　　　シャンブールサン

どれも皆(抜け落ちないよう)
ドミナ　　　　収穫時に落下しにくいように

ポンとシュパッと!(髪質改善。)
ポルトギーザー　シュペートブルグンダー　改善された品種

答え

Dornferderドルンフェルダー＝Helfensteinerヘルフェンシュタイナー×Heroldrebeヘロルドレーベ／Regentレゲント＝(Silvanerシルヴァーナー×Müller-Thurgauミュラー・トゥルガウ)×Chambourcinシャンブールサン／Dominaドミナ＝Portugieserポルトギーザー×Spät-burgunderシュペートブルグンダー(収穫時に落下しやすいというPortugieserの欠点を改良した交配品種)

ドイツの白ブドウ交配品種の代表的なもの

ドイツの城で、ミラクルわっしょい！(交わった)
ドイツ　白ブドウ　ミュラー・トゥルガウ　ショイレーベ　交配品種　Germany

マドレーヌとトロロ汁を
マドレーヌ(略)　トロリンガー シルヴァーナー

ケルナー

リースリングで(食べた)。
リースリング

【答え】

Müller-Thurgauミュラー・トゥルガウ＝Rieslingリースリング×
Madelaine Royaleマドレーヌ·ロワイヤル／Kerner＝Trollinger
トロリンガー×Riesling／Scheurebeショイレーベ＝Silvanerシルヴァー
ナー×Riesling

ドイチャー・ヴァイン、ラントヴァイン、Q.b.A.、カビネット、シュペートレーゼ、アウスレーゼ、ベーレンアウスレーゼ、アイスヴァイン、トロッケンベーレンアウスレーゼ　それぞれの最低アルコール度数

ドイチャーヴァインとラントヴァインは2つ
ドイチャー・ヴァイン、ラントヴァイン

の奴、次の4つはマイナス1.5、
ヤッコ　8.5%　Q.b.A.、カビネット、　8.5－1.5＝7
シュペートレーゼ、アウスレーゼ

次の3つもマイナス1.5。
ベーレンアウスレーゼ、　7－1.5＝5.5
アイスヴァイン、
トロッケンベーレンアウスレーゼ

【答え】

ドイチャー・ターフェルヴァイン、ドイチャー・ラントヴァイン
：8.5度（％vol.）
Q.b.A.、カビネット、シュペートレーゼ、アウスレーゼ：7度
ベーレンアウスレーゼ、アイスヴァイン、トロッケンベーレン
アウスレーゼ：5.5度

白ブドウOrtega交配品種

三村さんのシガー、折れてる。
ミュラー・トゥルガウ　　ジーガーレーベ　　オルテガ

答え

Ortega = Müller-Thurgau × Siegerrebe

Prädikatsweinプレディカーツヴァインの販売開始許可期日

元日から餅にカビ生えた！
1月1日から　　　カビネット

3月からはそれ以上（生える）。
3月1日から　　　シュペートレーゼ以上

答え

カビネット：収穫翌年1月1日
シュペートレーゼ以上：収穫翌年3月1日

アー・ペー・ヌンマー（A.P.Nr.）の標記方法、数字の意味（左から右へ）

番号センターの住所・名前をもっと検査しよう。
アー・ペー・　ローカル　　　　瓶詰業者の　瓶詰業者の　ロット　検査年号
ヌンマー　コントロールセンター　住所　　　名前

答え

Q.b.A.とQ.m.P.のワインは公的機関による品質検査を
受け、ラベルにはアー・ペー・ヌンマー（A.P.Nr.）を表示
する義務がある。（左から右へ）ローカルコントロールセン
ターの番号、瓶詰業者の所在地認識番号、瓶詰業者の
名前（認識番号）、特定ロットあるいは瓶詰め番号、検査
年号の順に数字が並んでいる。
（例：　5　347　078　009　03）

ドイツワイン「Prädikatsweinプレディカーツヴァイン」の格付け

ドイツのプレジデントは
ドイツ　　　　　プレディカーツヴァイン

T E B A S K
手羽先好き。
Trockenbeerenauslese
Eiswein、**B**eerenauslese
Auslese、**S**pätlese、**K**abinett

（答え）

格上から格下へ
Trockenbeerenausleseトロッケンベーレンアウスレーゼ(乾いた果粒
選り)、Eisweinアイスヴァイン(アイスワイン)、Beerenauslese
ベーレンアウスレーゼ(果粒選り)、Ausleseアウスレーゼ(房選り)、
Spätleseシュペトレーゼ(遅摘み)、Kabinettカビネット(通常収穫)

エクスレ氏が果汁糖度を調べる比重計を発明した年

（覚えたくないので）**エクスレ度、**
エクスレ度

1 8 3 0
嫌みを言いたい、
1830年

エクスレ度。
エクスレ度

（答え）
1830年

13地域の特徴

ある地域の特徴文が提示され、地域を選択する問題が頻出。
特徴のキーワードを見て、地域を言えるようにする。

答え

地　域	特　徴　の　キ　ー　ワ　ー　ド
Ahr アール	○○○河流域。火山岩、赤ワイン比率が最も高い（約84％）
Mittelrhein ミッテルライン	ナーエ河河口BingerbrückビンガーブリュックからSiebengebirgeジーベンゲビルゲまで
Mosel モーゼル	シーファーと呼ばれるスレート状の石。白ワイン比率が最も高い（約91％）
Nahe ナーエ	Bingenビンゲンでライン河に注いでいる○○○河の流域
Rheingau ラインガウ	LorchhausenロルヒハウゼンからWiesbadenヴィスバーデンまでのライン河北岸、更にマイン河河口近くの北岸Hochheimホッホハイムまで。南向きで陽当りのよい畑
Rheinhessen ラインヘッセン	西はナーエ河、北と東はライン河に接しているドイツ最大の地域
Pfalz ファルツ	Wormsヴォルムスから南方のフランス国境近くのSchweigenシュヴァイゲンに至る地域
Hessische Bergstraße ヘシッシェ・ベルクシュトラーセ	Heidelbergハイデルベルクの北に位置し、西はライン河、東はオーデンの森に接する地域。ドイツ最小の地域
Baden バーデン	北のHeidelbergハイデルベルクから南のBodenボーデン湖までのドイツ最南端の地域。年間平均気温が高い
Franken フランケン	マイン河とその支流流域。ボックスボイテルという袋状の丸い扁平瓶
Württemberg ヴュルテンベルク	ネッカー河とその支流流域
Saale-Unstrut ザーレ・ウンストルート	最古のブドウ園は1066年にできた。シュペートレーゼ以上のワインは稀にしか出来ない。ドイツ最北の地域
Sachsen ザクセン	ドイツ最東の地域

Ahr地域の○○○にはアール、Nahe地域の○○○にはナーエが入る。

Badenバーデンの気候区分

Badenは<u>B</u>地域。

答え

EUの生産地域気候区分でドイツ唯一のBゾーン。他の
地域はAゾーン。

フランケン地域を流れる河の名前

フランケンは
フランケン地域

私のもの。
(英)mineマイン：マイン河

答え

マイン河

フランケン、ラインガウ、モーゼルそれぞれの地域の収量制限

フランケンは<u>最も厳しく90</u>、
フランケン　　　　　　90hℓ／ha

ラインガウは<u>三桁ライン</u>、
　　　　　　　み けた
　　　　　　　　100hℓ／ha

モーゼルは<u>モー</u>─<u>ゆるゆる</u>。
モーゼル　　モーゼル　収量制限が厳しくない

答え

フランケン	90hℓ／ha(最も低い収量)
ラインガウ	100hℓ／ha (ラインガウの方がモーゼルより制限が厳しい)
モーゼル	125hℓ／ha Elblingは150hℓ／ha(最も高い収量)

あるドイツワインがどこの地域にあるかの解き方

ドイツワイン名は村名（Gemeinde）er＋
畑名（Einzellage又はGrosslage）

あるドイツワインが提示され、13地域のどこに属するかという設問の場合、その村名（Gemeindeゲマインデ）がどこに属しているかを覚えていれば解答できる。

いちいち畑名がどこに属するかを覚えなくてもよい（除、Ortsteillageオルツタイルラーゲ*）

（例題）Bernkasteler Doktorはドイツ13限定生産地域（Bestimmter Anbaugebiete）の内、どこに属するか

（解答）Bernkastel村はMosel地域に属するので、解答はMosel地域

*Ortsteillageオルツタイルラーゲ：1ヶ所にまとまってあるブドウ園で、村名の併記不要のもの。数は5つ（本書p206・p208参照）。

Mosel地域のBereichベライヒ（地区）

モーゼルの炉端焼では、
Mosel, Obermosel, Moseltor　ルーヴァータール

カステラバーガーをザルで食べる。
ベルンカステル　　Burg（略）　　ザール

答え

Obermoselオーバーモーゼル、 Moseltorモーゼルトール、 Ruwertalルーヴァータール、 Bernkastelベルンカステル、 Burg Cochemブルク・コッヘム、 Saarザール

Mosel地域の主なGemeindeゲマインデ（村）

モーゼルの平和なエデンの園で、ユーと
モーゼル　（英）peace：ピースポート　エルデン　Ürzig

鳥グラタンとブラウンのカステラ
トリッテンハイム　グラーハ　ブラウネベルク　ベルンカステル

を食べたいヴェーレン。
ヴェーレン

おっくうでしょうが、
オックフェン　（英）will：Wiltingen

ザルをぜひ愛して。
ベライヒ・ザール　ゼリッヒ　アイル

私が愛してるのはバッハ
アイテルスバッハ

（のルンバ音楽）
ベライヒ・ルーヴァータール

とマキシムのお食事。
（マキシム・ド・パリ）：マキシミーン（略）

【答え】

Piesportピースポート、Erdenエルデン、Ürzigユルツィヒ、Trittenheimトリッテンハイム、Graachグラーハ、Braunebergブラウネベルク、Bernkastelベルンカステル、Wehlenヴェーレン（ここまでBereich Bernkastelベライヒ・ベルンカステル）
Ockfenオックフェン、Wiltingenヴィルティンゲン、Serrigゼリッヒ、Aylアイル（ここまでBereich Saarベライヒ・ザール）
Eitelsbachアイテルスバッハ、Maximin Grünhausマキシミーン・グリューンハウス（ここまでBereich Ruwertalベライヒ・ルーヴァータール）

Mosel地域のBereich Bernkastelベライヒ・ベルンカステルの重要ワイン

【答え】

Bernkasteler Doktorベルンカステラー・ドクトール、Brauneberger Juffer-Sonnenuhrブラウネベルガー・ユッファー・ゾンネンウアー、Erdener Treppchenエルデナー・トレップヒェン、Graacher Himmelreichグラッヒャー・ヒンメルライヒ、Piesporter Goldtröpfchenピースポーター・ゴルトトレプヒェン、Ürziger Würzgartenユルツィガー・ヴュルツガルテン、Wehlener Sonnenuhrヴェーレナー・ゾンネンウアー

Mosel地域のBereich Ruwertalベライヒ・ルーヴァータールの重要ワイン

【答え】

Eitelsbacher Karthäuserhofbergアイテルスバッヒャー・カルトホイザーホーフベルク、Maximin Grünhäuser Abtsbergマキシミーン・グリューンホイザー・アプツベルク

Mosel地域のBereich Saarベライヒ・ザールの重要ワイン

【答え】

Ockfener Bocksteinオックフェナー・ボックシュタイン、Scharzhofbergerシャルツホーフベルガー（Ortsteillageオルツタイルラーゲ）、Wiltinger Braune Kuppヴィルティンガー・ブラウネ・クップ（GemeindeはWiltingenヴィルティンゲン）

RheingauのBereichベライヒ（地区）

ラインガウ
しか飲まん！

余は
ヨハニスベルク

ラインガウしか飲まん！
ラインガウのベライヒはヨハニスベルク**しか**ない

答え

Johannisbergヨハニスベルク

Rheingau地域のGemeindeゲマインデ（村）

ラインガウのエースKid"ヨハン"が
エストリッヒ Kiedrich　ヨハニスベルク

明日ラウンジで彼女のバッハを聴くのは、
アスマンス　ラウエンタール　　彼女：(仏)Elleエル／エルバッハ
ハウゼン

（関係）発展方法として ウィンクを
ハッテンハイム ホッホハイム　　Winkel

したいのが理由です。
リューデスハイム

春が来そう♪
ハルガルテン

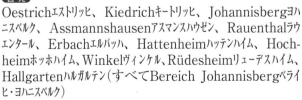

答え

Oestrichエストリッヒ、Kiedrichキートリッヒ、Johannisbergヨハ
ニスベルク、Assmannshausenアスマンスハウゼン、Rauenthalラウ
エンタール、Erbachエルバッハ、Hattenheimハッテンハイム、Hoch-
heimホッホハイム、Winkelヴィンケル、Rüdesheimリューデスハイム、
Hallgartenハルガルテン（すべてBereich Johannisbergベライ
ヒ・ヨハニスベルク）

Rheingau地域のBereich Johannisbergベライヒ・ヨハニスベルクの重要ワイン

【答え】

Assmannshäuser Höllenbergアスマンスホイザー・ヘレンベルク（GemeindeはAssmannshausenアスマンスハウゼン：赤ワイン）、Erbacher Marcobrunnエルバッヒャー・マルコブルン、Hattenheimer Wisselbrunnenハッテンハイマー・ヴィッセルブルンネン、Hochheimer Domdechaneyホッホハイマー・ドームデヒャナイ、Kiedricher Wasserosキードリッヒャー・ヴァッサーロース、Rauenthaler Baikenラウエンターラー・バイケン、Rüdesheimer Berg Rottland リューデスハイマー・ベルク・ロットラント、Schloss Johannisberger シュロス・ヨハニスベルガー（Ortsteillageオルツタイルラーゲ、Gemeinde ゲマインデはJohannisberg）、Schloss Reichartshausener シュロス・ライヒャルツハウゼナー（Ortsteillageオルツタイルラーゲ、GemeindeはOestrichエストリッヒ）、Schloss Vollradsシュロス・フォルラーツ（Ortsteillageオルツタイルラーゲ、GemeindeはWinkel ヴィンケル）、Steinbergerシュタインベルガー（Ortsteillageオルツタイルラーゲ、GemeindeはHattenheim）、Winkeler Hasensprung ヴィンケラー・ハーゼンシュプルンク

Rheinhessen地域のBereich Niersteinベライヒ・ニーアシュタインの重要ワイン

平成生まれはニヤッとオッペン化粧品。

ラインヘッセン地域　　　　　ベライヒ・ニーアシュタイン　オッペンハイム

ベライヒ省略形

平成生まれはオッペン化粧品。

ラインヘッセン地域　　　　オッペンハイム

答え

Oppenheimer Herrenbergオッペンハイマー・ヘレンベルク、
Oppenheimer Sackträgerオッペンハイマー・ザックトレーガー

Pfalz地域のBereich Mittelhaardt／Deutsche Weinstraßeベライヒ・ミッテルハールト／ドイッチェ・ヴァインシュトラーシェの重要ワイン

ファールして、見てるドイツワイン街道
ファルツ地域　　　　　　　ベライヒ・ミッテルハールト／ドイッチェ・ヴァインシュトラーシェ

がある森は大^{ダイ}です。
(英)forest：Forst　ダイデスハイム

ベライヒ省略形

ファールした森は大^{ダイ}です。
ファルツ地域　　(英)forest：Forst　ダイデスハイム

‖補足▶ ドイツワイン街道＝(独)Deutsche Weinstraßeドイッチェ・ヴァインシュトラーシェ

答え

Forster Jesuitengartenフォルスター・イェズイーテンガルテン、
Deidesheimer Hohenmorgenダイデスハイマー・ホーエンモルゲン

Franken地域のBereich Steigerwaldベライヒ・シュタイガーヴァルドの重要ワイン、
Franken地域のBereich Maindreieckベライヒ・マインドライエックの重要ワイン

フランケンシュタインが
フランケン地域　　　　ベライヒ・シュタイガーヴァルド

カステラ好きのインポシブルだなんて、
カステル　　　　　　Iphöfer(略)

マインドが潰れる。
ベライヒ・マインドライエック　ヴュル**ツブル**ク

ベライヒ省略形

フランケンはカステラ好きの
フランケン地域　　　カステル

# インポシブルで、
Iphöfer(略)

潰れる。
ヴュル**ツブル**ク

答え

Franken地域のBereich Steigerwaldベライヒ・シュタイガーヴァルド
の重要ワイン：Casteller Kugelspielカステラー・クーゲルシュピール、
Iphöer Julius-Echter-Bergイプヘーファー・ユリウス・エヒター・ベルク
（GemeideはIphofenイプホーフェン）
Franken地域のBereich Maindreieckベライヒ・マインドライエック
の重要ワイン：Würzburger Steinヴュルツブルガー・シュタイン

Baden地域の重要ワイン

バーゲン会場でマルタが
バーデン　　　　　　　　　マルターディンゲン

演奏してる。

補足 マルタ：サックス奏者

答え

Malterdinger Bienenbergマルターディンガー・ビーネンベルク（赤ワイン、品種はSpätburgunder）

ロゼワイン

Weißherbstヴァイスヘルプストの規定（品種、色、地域、法的規制か自主規制か、ワインの品質分類）

（その）**ハーピストは純血で、**（人生）**バラ色の7歳。**
（ハープ奏者）：ヴァイスヘルプスト　単一品種　　　　　　ロゼワイン　7地域

ARRPにBFがWいて、
アルプス　　　　ボーイフレンド　ダブル
Ahr,Rheingau,　　　Baden,　　Württemberg
Rheinhessen,Pfalz　　Franken

自ら2階級制覇。
みずか
自主規制　Q.b.A.&Q.m.P.

答え

単一品種、ロゼワイン（白ワインもある）、7地域（Ahr、Rheingau、Rheinhessen、Pfalz、Baden、Franken、Württemberg）、自主規制、Q.b.A.＆Prädikatswein

Rotlingロートリングの造り方、有名な銘柄、それぞれの生産地域と品種

<u>漏斗で混ぜようロートリング。</u>
ロートリング　　黒ブドウと白ブドウを混ぜる　　ロートリング

（第9聴きながら）シラーのトロっとしたロゼを
シラーヴァイン　　　　トロリンガー　　　ロゼワイン

Wで飲もう。Badischの
Württemberg　　　　　Badisch-Rotgold

種類はBad
シュペートブルグンダー　　　Baden
とルーレンダー

（だから飲まない）。

補足｜ベートーヴェン作曲第9交響曲第4楽章「歓喜の歌」の詞の作者はフリードリヒ・シラーFriedrich Schiller（ドイツの作家）

答え

Rotlingロートリング：黒ブドウと白ブドウを発酵前に混ぜてから醸造したロゼワインで、Schillerweinシラーヴァインと Badisch-Rotgoldバーディッシュ・ロートゴールトが有名
Schillerweinシラーヴァイン：地域　Württemberg／品質分類　Q.b.A.以上／品種　Trollingerと白ブドウ
Badisch-Rotgoldバーディッシュ・ロートゴルト：地域　Baden／品質分類　Q.b.A.以上／品種　Spätburgunderと Ruländer

色々なワイン

VDPファウ・デ・ペーの設立年

ファウ・デ・ペー　1　9　10
VDP、実力十分？
VDP　　　　　1910年

ファウ・デ・ペー
VDP。
VDP

实力十分?

答え

1910年

VDPのGrosse Lageグローセ・ラーゲの規定（品種、地域、法的規制か自主規制かなど）

伝統的で高級なグローセ・ラーゲの
伝統的ブドウ品種　高級ワイン　　　　グローセ・ラーゲ

9
（年齢）自主規制が来年急に
　　　　　自主規制　　　　辛口白は収穫1年後の9月から

50歳以下となる。
50hℓ/ha以下

グローセ・ラーゲ
そマ～～ッ

すべて手による、
収穫はすべて手摘み

遅いサービスが必要。
シュペートレーゼ（遅摘み）以上の完熟度

答え

伝統的ブドウ品種の高級ワイン、自主規制、辛口白は収穫1年後の9月から赤は収穫2年後の9月から発売できる、収穫量は50hℓ/ha以下、収穫はすべて手摘み、シュペートレーゼ以上の完熟度

デァ・ノイエ（新酒）の解禁日

デァ・ノイエは
デァ・ノイエ
1 1 1

ワンワンワン！
11月1日

ワンワン
ワン！

デァ・ノイエ

【答え】
11月1日

Riesling-Hochgewächsリースリング・ホーホゲヴェックスの規定
（地域、品種、ワインの品質分類、法的規制か自主規制か）

ラインガウに対抗する方法B
ラインラントファルツ州にラインガウは含まれない　**ホーホゲヴェックス**　Q.b.A.
&**法**的規制

（を考えよう）。

【答え】
地域：ラインラントファルツ州（Ahr、Mosel、Mittelrhein、
Nahe、Rheinhessen、Pfalz）
Rheingauは含まれていない。
品種：Riesing／ワインの品質分類：Q.b.A.／規制：法
的規制

Liebfraumilchリープフラウミルヒの意味、規定
（地域、品種、ワインの品質分類、法的規制か自主規制か）

「リープフラウミルヒは“聖母の乳”で、
リープフラウミルヒ　　　　　　　リープフラウミルヒの意味

ナルプ産のミルクスからできている
NaRRP：**Na**he、　　MRKS：**M**üller-Thurgau、
Rheingau、　　　　**R**iesling、**K**erner、**S**ilvaner
Rheinhessen、**P**falz

B級ワインだ。」「ほう！」
Q.b.A.　　　　　　　法的規制

（（ちゅう〜〜））

∥ 補足 ▶ リープフラウミルヒの和訳は「聖母の乳」

答え
地域：Naheナーエ、 Rheingauラインガウ、 Rheinhessenライン
ヘッセン、 Pfalzファルツ
品種：Müller-Thurgau、Riesling、Kerner、Silvaner
を70％以上使用／ワインの品質分類：Q.b.A.／規制：
法的規制

ドイツの樽の名称、サイズ

樽を買う札銭も、ストックが百ダース。
樽　　　　フーダァ 1,000ℓ　　　　シュトゥック　　　　　1,200ℓ

別の覚え方

FuderとStückを頭文字のアルファベット順で
並べるとFuderの方がStückより先。
1000ℓと1200ℓを数字順に並べると
1000ℓの方が1200ℓより先。
なのでFuderが1000ℓ、Stückが1200ℓ。

答え

Fuderフーダァ：1000ℓ、Stückシュトゥック：1200ℓ

【Chapter 20 その他のヨーロッパ諸国】

Austriaオーストリア

皇帝ヨーゼフ2世によりワイン農家の直接販売が認可された年

皇帝ヨーゼフ2世は
皇帝ヨーゼフ2世

非難バッシングされたが、農民を優遇。
1784年 　　　　　　　　　　　　　ワイン農家の直接販売が認可

> **補足** 　皇帝ヨーゼフ2世：神聖ローマ帝国の皇帝で、オーストリア・ハプスブルク家
> が皇帝位を世襲した。女帝マリア・テレジアの息子であり、マリー・アントワ
> ネットの兄。作曲家モーツァルトを保護した。在位1765～1790年

答え

1784年

オーストリアの品質等級、ドイツと異なること

オーストリアのブルックナーは通な作曲家。
オーストリア　　　　　アウスブルッフ　　　　27度

ストローでニッコリ
シュトローヴァイン　　25度

格落ちカビネットを
カビネットはPrädikatsweinの格から落ちる

ブルックナー
ちゅう～

すする。

> **補足** 　作曲家ブルックナーはオーストリア人。

答え

Ausbruchアウスブルッフ（KMW27度以上）とStrohweinシュト
ローヴァイン（＝藁ワイン、KMW25度以上）という等級があり、
KabinettカビネットはPrädikatsweinの格から落ち
Qualitätsweinのカテゴリーとなる。

ヴァッハウ地区の品質分類(KMW値が低いものから高いものへ)、それぞれの名前の由来、KMW値

石が(車の)フェンダーに当たって、

(独)stein：シュタインフェダー　フェーダーシュピール

スマップは激怒。

スマラクト

「きゃしゃな野草」を

1 5
1個食べ、

15以上

1 7
いち早く「鷹狩り」に出かけたが、

17以上(中国語で7「チ」と発音する)

つか
捕まえたのは「エメラルド色のとかげ」。

1 8 2
イヤニ～‼

18.2以上

答え

名　称	名前の由来	KMW値
Steinfederシュタインフェダー	きゃしゃな野草	15〜17度
Federspielフェーダーシュピール	鷹狩りの道具	17〜18.2度
Smaragdスマラクト	エメラルド色のとかげ	18.2度以上

Hungaryハンガリー

エグリ・ビカヴェールの地方、生産可能色、品種、意味

北のエグい（美化）**古酒に、赤い**
ノーザン・　　　エグリ・ビカヴェール　ケークフランコシュ　　赤ワイン
ハンガリー地方
（コ　シュ）

血が滴るビーフステーキを
　　　　　　　　牛の血
（したた）

俺は合わせる。
（おす）
牡

答え

Egri Bikavérエグリ・ビカヴェールはノーザン・ハンガリー地方の
赤ワイン。品種はKékfrankosケークフランコシュ。ワイン名の
意味は「エゲルの牡牛の血」
（おうし）

Tokaji Aszútトカイ・アスーの造り方、アスーエッセンシアとナトゥールエッセンシアそれぞれの残糖分

都会人三郎、背負い桶置いたら風呂入り、
トカイ・アスー　3～6桶分　　プットニュ　　（英）put：プットニュ　26kg
（サブロー：36）　　　　　　　　　　　　　　　　　　　（2　6　はい）

現地の秘密の樽で寝かせろ！
ゲンツィ　　　136ℓ　　樽　熟成させる
（1　3　6）　　　　（『の』の形は6に酷似）

エセはイヤンだが、ナチュラルエセはニッコリン（できる）。
（略）エッセンシア　180g　　ナトゥールエッセンシア　　250g
（1　8　0）　　　　　　　　　　　　　　　（2　5　0）

答え

貴腐菌の付着したブドウの粒を26kg入りの背負い桶
「プットニュ」で醸造所に運び、通常3～6桶分をワイン入り
136ℓ樽「ゲンツィ」に加えて熟成させる。Aszúesszencia
アスーエッセンシアは残糖分180g／ℓ以上、Natúresszencia
ナトゥールエッセンシアは貴腐ブドウ100％で造られ、残糖分250g／ℓ
以上

Switzerlandスイス

Fendantファンダンの位置する地方、生産可能色、品種

スイス谷間に白い
ヴァレ地方　白ワイン

フォンダンショコラあり。
ファンダン　シャスラ

補足 Valaisヴァレ≒(仏)Valléeヴァレ：谷／フォンダンショコラ(仏)fondant chocolat：とろけるチョコレート

答え

FendantファンダンはValaisヴァレ地方の辛口白ワイン。品種はChasselasシャスラ

Johannisbergヨハニスベルクの位置する地方、生産可能色、品種

スイス谷間のヨハンは
ヴァレ地方　Johannisberg

シルバーエイジだが、
シルヴァネール

やや甘いマスクで彫りの深い白人。
わずかに甘口のコクがある　　白ワイン

補足 Valaisヴァレ≒(仏)Valléeヴァレ：谷

答え

JohannisbergヨハニスベルクはValaisヴァレ地方のわずかに甘口のコクがある白ワイン。品種はSilvanerシルヴァネール

Vaudヴォー州のAOC

ヴォー州に、ラヴリーでいい村があり、その名は
ラヴォー　ボンヴィラー

シャブリといって広いコート2つにブリがいっぱい。
シャヴレ　コート・ド・ロルブ、ラ・コート　ヴュリィ

答え

La Côte、Côtes de l'Orbe、Lavaux、Chablais、Bonvillars、Vully

Lavauxのグラン・クリュは何か

La vaux（仏語で「沢」）で
Lavaux

カラヤンが
Calamin

「デザレ」（仏語で「ごめんなさい」）。
Dézaley

（答え）
Lavauxラヴォーのグラン・クリュはCalaminカラマンとDézaley
デザレー。

Dôleドールの位置する地方、生産可能色、品種

スイス谷間の赤い
　　ヴァレ地方　　赤ワイン

人形の奴は、
ドール　　85%

ピノとガメイで染められてる。
ピノ・ノワールとガメイ

‖補足　Valaisヴァレ≒(仏)Valléeヴァレ：谷／人形：(英)dollドール：ドール

（答え）
DôleドールはValaisヴァレ地方の赤ワインで、品種はピノ・
ノワールとガメイ合わせて85%以上

Œil de Perdrixウイユ・ド・ペルドリの位置する地方、生産可能色、品種、ウイユ・ド・ペルドリの意味

スイスの主、ヤマウズラの目は
ヌシ
ヌーシャテル地方　　　（仏）ウイユ・ド・ペルドリ

ロゼ色で、純潔。
ロゼワイン　　　ピノ・ノワール100%

┃補足┃ 「ウイユ・ド・ペルドリ」はロゼワインの色調表現用語の一つでもある。

(答え)

Œil de Perdrixウイユ・ド・ペルドリはNeuchâtelヌーシャテル地方のロゼワイン。品種はピノ・ノワール90%以上。意味は「ヤマウズラの目」

Sloveniaスロヴェニア

スロヴェニアで赤ワインの大部分が造られている地域

【どん臭いウェイトレスのセリフ】

スローな
スロヴェニア

プリン、盛るっすか？
プリモルスカ

(答え)

Primorskaプリモルスカ

スロヴェニアでハンガリーのフルミントと同じ品種（シノニム）は何か?

スロちゃんは、
スロヴェニア

尻尾で振るミント!
シッポ　　　　　　フルミント
シポン

スロちゃん

答え
Siponシポン（白ブドウ）

Croatiaクロアチア

クロアチア西部で、アドリア海沿岸地方は何地方と呼ばれているか?

クロアチアでは、西部球場で
クロアチア　　　　　西部

達磨がチアダンス!
ダルマ　　チア
ダルマチア

クロアチャーッ!!
クロアチア

西部球場

クロアチャーッ!!

答え
Dalmatiaダルマチア地方

Romaniaルーマニア

ルーマニア最大のワイン生産地方はどこか?

ルーのマニアは
ルーマニア

ルーを盛る、ドバっと!
モルドヴァ

答え

Moldovaモルドヴァ地方

Bulgariaブルガリア

Rubinルビンとは何種と何種の交配品種か

ブルガリアのルビンなんか、知らねっ!
ブルガリア　　　　　　　ルビン　　　　　　シラー　ネッビオーロ

答え

Rubin：Syrah×Nebbioloの交配品種

Greeceギリシャ

O.P.A.P.ワイン産地の特徴、最初の認定ワイン、認定年、地域、色、主要品種

パパと飲むのは慣れ親しんだ所で。
O.P.A.P.オパプ　　　　　　　　　　70%は古代からの産地

最初に飲むのは北区のナウサがnowさ！
最初の認定　　　　北部ギリシャの　　Naoussaナウサ

ツマミは串の鮪
クシノマヴロ

(赤身)がよくない？
赤ワイン　　　　1971年

【答え】

O.P.A.P.ワインの70%は古代からの産地。最初の認定(1971年)はNaoussaナウサ(北部ギリシャ)。赤ワイン。主要品種はXinomavroクシノマヴロ

O.P.E.ワインの味わい、赤ワイン・白ワインに使われる主要品種

オペの後に食べたいのは甘い
（手術）O.P.E.　　　　　　　　　　　　　甘口

鮪（赤身）だね。デザートは
赤ワイン　　　　　　　デザートワイン
マヴロダフネ

甘いマスカット。
甘口　　マスカット

║ 補足 ▶ 鮪は赤い／マスカットワインは当然白ワイン

（答え）

O.P.E.は甘口あるいはデザートワインに限られ、赤ワインの主要品種はMavrodaphneマヴロダフネ、白ワインの主要品種はMuscatマスカット

Retsinaレツィーナの風味、主要産地、主要品種

ギリシャの松脂風味レツィーナは、
ギリシャ　　　　　松脂風味　　　レツィーナ

中央区築地の
中央ギリシャ

鮪に合うんだって!?
サヴァティアーノ

（答え）

Retsinaレツィーナはギリシャ特有の松脂風味のフレーヴァードワイン（＝アロマタイズド・ワイン）。主要産地は中央ギリシャ、主要品種はSavatianoサヴァティアーノ

ギリシャワインにおいてCAVAの意味

カバは（スペインでは発泡酒だが、）
CAVA

ギリシャでは
ギリシャ

熟成酒。（そんなバカな!）
テーブルワインの熟成タイプ

【答え】
テーブルワインの熟成タイプ。白は2年以上、赤は3年以上熟成義務

サントリーニ島でのブドウの仕立て方

クールなカゴに乗って、
Curl　　　篭型に仕立てられる

サントリービールでも
サントリーニ島

飲むか。

【答え】
サントリーニ島では強い風と砂からブドウを守るため、Koulouraクルーラ＝Curlクールと呼ばれる篭型に仕立てられる。

Nemeaネメアの色、品種、逸話

てめえ〜は、ヘラクレスの血で染まった

ネメア　　　　　　　　　　　　「ヘラクレスの血」と呼ばれる赤ワイン

「秋織るキティ子」を

アギオルギティコ

知ってるか？

答え

Nemeaネメア：「ヘラクレスの血」と呼ばれる赤ワイン
（O.P.A.P.ワイン）。品種はAgiorgitikoアギオルギティコ

United Kingdom英国

英国ワインのうちスパークリング・ワインが占める割合

英国でスパークリングは

英国　　　　スパークリング・ワイン

無論66%。

66%

答え

66%

イングランドの州別ブドウ栽培面積順位第1位はどこか

イングランドで
イングランド

ケントが健闘。
Kent　　　面積最大

答え
Kentケント

Luxembourgルクセンベルク

ルクセンベルクで栽培面積第1位の品種は何か

ルクセンベルクでは
ルクセンベルク

川岸にネイルサロンが多い。
リヴァネール　　　　　面積最大

答え
Rivanerリヴァネール

Georgiaジョージア

ジョージアで栽培面積第1位の品種は何か

ジョージアでカツ照りを
ジョージア　　　ルカツィテリ

大食いする。
面積最大

答え
Rkatstelliルカツィテリ

ジョージアで最大の産地（P.D.O.）はどこか

ジョージアの貨幣は
ジョージア　　　　　　　カヘティ

でかい。
最大の産地

答え

Kakhetiカヘティ

Moldovaモルドバ共和国

モルドバ共和国で最大の産地はどこか

モルドバ最大の産地の
モルドバ共和国　　　　最大の産地

ワインは5ドル。
コドゥル

答え

Codruコドゥル

州ごとの生産量ランキング2位～4位

アメリカ人の
アメリカ

ワニ男。
ワシントン、ニューヨーク、オレゴン

||補足|| 1位がカリフォルニア州なのは常識なので省略。

（答え）

1位：カリフォルニア州、2位：ワシントン州、3位：
ニューヨーク州、4位：オレゴン州

アメリカで初めてワイン造りが行われた目的、使用品種、造った人たち、その年号

美佐の使命はシスコで
ミサ用　　　ミッション種　　フランシスコ修道会の修道士たち

柔軟ロック♪
1 7 6 9
1769年

（答え）

ミサ用ワインとして、ミッション種を使ってフランシスコ修道会の修道士たちが1769年に初めてワインを造った。

禁酒法施行の期間

19歳から二十歳になったからって、
19　　　　　はたち
　　　　　　20　　　　　　～

散々飲むのは止めて!
33　　　　　禁酒法施行

答え

1920～1933年

エメラルド・リースリングは何種と何種の交配種か
ルビー・カベルネは何種と何種の交配種か

エメラルド (を買うの)**は無理!**
Emerald Riesling　　　　　　　ムリ　Muscadelle Riesling

ルビーは加部さんに (お金)**借りてから。**
Ruby Cabernet　カベ　Cabernet Sauvignon　　Carignan

答え

Emerald Rieslingエメラルド・リースリング：Muscadelleミュスカデル×
Rieslingリースリング、Ruby Cabernetルビー・カベルネ：Cabernet
Sauvignonカベルネ・ソーヴィニョン×Carignanカリニャン

「リースリング」が付く品種で、フランスやドイツのリースリングと同じ品種、違う品種

白馬のヨハンは生粋のリースリング。
ホワイト・リースリング　ヨハニスベルグ・リースリング　フランスやドイツのリースリングと同じ品種

エメラルドは
エメラルド・リースリング

いかがわしい。
フランスやドイツの
リースリングとは別物

答え

White Rieslingホワイト・リースリング、Johannisberg Riesling
ヨハニスベルグ・リースリングはフランスやドイツのリースリングと同じ
品種

Emerald Rieslingエメラルド・リースリング(=Muscadelleミュスカデル
×Riesling)はカリフォルニアで開発された交配種

ラベル記載事項に関する規則（産地名表示、品種表示、収穫年表示）

下一桁は常に5。範囲が狭まるほど十の位の数字が高くなる(7、7、8、9)。品種ゆるく(7)、収穫年厳しい(9)。

答え

産地名表示：州名75％以上（カリフォルニア州は100％）、County郡名75％以上、AVA名85％以上、Vineyard畑名95％以上（オレゴン州は州名・郡名・AVA名・畑名すべて95％以上）

品種表示：75％以上（オレゴン州は基本的に90％以上。ただし、いくつか75％以上の表示でよい品種がある）

収穫年表示（AVA表示の場合）：95％以上

リジョン・システムリ ジョンⅠからリジョンⅤのそれぞれの積算温度の数字（度日）

リジョンの最初はニッコリ。次から上限500足してゆく。Ⅴは上限なし。

答え

Ⅰ：0〜2,500度日、 Ⅱ：2,501〜3,000度日、 Ⅲ：3,001〜3,500度日、 Ⅳ：3,501〜4,000度日、 Ⅴ：4,001度日以上

主なNapa郡のAVA（Napaの語が含まれるAVA以外）

ナパのラザフォードカリスマ⁽先生⁾がヤングのとき
ラザフォード　　　　　カリストガ　　　Yountville

地図帳片手に春山登り、オーク材製
(英)Atlas：Atlas Peak　Spring Mountain(略)　オークヴィル、
　　　　　　　　　　　　　　　　　　　　オーク・ノール(略)

ベンダーの所でどんな方法⁽How⁾か知らんが
(略)Veeder　　　　Howell(略)

ダイヤモンド見つけた。その後彼はチリに
ダイヤモンド(略)　　　　　　　　　Chiles(略)

移住し野生の馬や牡鹿と戯れたが、
Wild Horse(略)　(英)stags：Stags Leap(略)

最後はセント・ヘレナ島へ来たので
セント・ヘレナ　　Come：Coomsville

ロスへ行って金儲けはできなかった。
ロス・カーネロス

セント・ヘレナ島

‖補足　Rutherfordラザフォード：ノーベル賞受賞の物理学者／アトラス：地図帳（昔の地図帳の巻頭に天球を担うギリシャ神話の巨人・アトラスの絵があったことから）／Saint Helenaセント・ヘレナ島：ナポレオン流刑の地

答え
Rutherfordラザフォード、Calistogaカリストガ、Yountvilleヨーントヴィル、Atlas Peakアトラス・ピーク、Spring Mountain District スプリング・マウンテン・ディストリクト、Oakvilleオークヴィル、Oak Knoll District of Napa Valleyオーク・ノール・ディストリクト・ナパ・ヴァレー、Mount Veederマウント・ヴィーダー、Howell Mountainハウエル・マウンテン、Diamond Mountainダイヤモンド・マウンテン、Chiles Valleyチルズ・ヴァレー、Wild Horse Valleyワイルド・ホース・ヴァレー（ナパ郡とソラノ郡とにまたがっている）、Stags Leap District スタッグス・リープ・ディストリクト、Saint Helenaセント・ヘレナ、Coomsville クームズヴィル、Los Carnerosロス・カーネロス（ナパ、ソノマ両郡にまたがって存在する）

Sonoma郡のAVA（Sonomaの語が含まれるAVA以外）

その夜、月と海が見える乾いた松の
ソノマ郡 ナイツ(略) ムーン(略)　　（略）Seaview　　ドライ(略) Pine(略)

岩山で、「あれ、臭いな？」
ロックパイル　　　アレクサンダー（略）

と思ったらチョークが
　　　　　チョーク（略）

ベットリ付いて、ロシアの川で
ベネット（略）　　　　　ラシアン・リヴァー（略）

洗ったら金をロスした。
　　　　　ロス・カーネロス

答え

Knights Valleyナイツ・ヴァレー、Moon Mountain Districtムーン・マウンテン・ディストリクト、Fort Ross-Seaviewフォート・ロス・シーヴュー、Dry Creek Valleyドライ・クリーク・ヴァレー、Pine Mountain-Cloverdale Peak パイン・マウンテン・クロバーディル・ピーク（ソノマ、メンドシーノ両郡にまたがって存在する）、Rockpileロックパイル、Alexander Valleyアレクサンダー・ヴァレー、Chalk Hillチョーク・ヒル、Bennett Valleyベネット・ヴァレー、Russian River Valleyラシアン・リヴァー・ヴァレー、Green Valley of Russian River Valleyグリーン・ヴァレー・オブ・ラシアン・リヴァー・ヴァレー、Los Carnerosロス・カーネロス（ナパ、ソノマ両郡にまたがって存在する）

ワシントン州、オレゴン州をまたがるようにして南北に走っている山脈の名

（北から南に走る山脈が）
「ワシ様・俺様のお通りだ！
ワシントン州　オレゴン州

どかすけど!!」
カスケード山脈

答え

カスケード山脈。ワシントン州、オレゴン州にまたがるようにして、北から南に走っている。この山脈の西側は海洋性気候、東側は大陸性気候である。

主なワシントン州のAVA、ワシントン州＆オレゴン州両州にまたがっている AVA、オレゴン州のAVA（Oregonの語が含まれるAVA以外）

ワシの赤いガラガラヘビのサウンドは気味悪く、(噛まれた)

ワシントン州　Red　Rattlesnake(略)　(略)sound　ワルーク(略)
Mountain

馬は天国行き。(記念に)**焼増し注文。国旗持つナチの狙撃手は**

Horse Heaven(略)　　　　ヤキマ(略)　　Ancient　ナチェス(略)　スナイパー：
ワラワラ　　　　　　　　　　　　　　　　　　スナイプス(略)

知らんぷり。2州共、笑笑のコロンビアコーヒーは旨い。

(略)シェラン　ワシントン＆　(居酒屋チェーンの屋号)　コロンビア・ヴァレー、
オレゴン州両州に　ワラワラ・ヴァレー　コロンビア・ゴージ
またがっているAVA

俺のログハウスにはマックのアップル(コンピュータ)**とアンプと**

オレゴン州 ローグ・ヴァレー　マックミンヴィル Applegate(略)　　　アンプクア(略)

エレクトンがあり、リボン(ストライプ)**が似合うダンディーで友好的な**

エレクトン(略)　リボン(略)ヤムチャ　ダンディー(略)　(英)amity

(マイケル・)**ダグラスが昼、飲茶しに来るでしょう。**

レッド・ヒル・ダグラス(略)ヤムヒル(略)　シェヘイラム(略)　(英)will:Willamette(略)

ここにもヘビがいる。

Snake(略)

■■ 補足 ■■

ワシントン州のAVAの内、Puget Soundはカスケード山脈の西側で海洋性気候、残り5つは山脈の東側で大陸性気候。
ワシントン州＆オレゴン州両州にまたがっているAVAはいずれもカスケード山脈の東側で大陸性気候。オレゴン州のAVAはいずれもカスケード山脈の西側で海洋性気候。(例外：Snake River Valleyは山脈の東側で大陸性気候)
「赤い」はレッド・マウンテンを、「ダグラス」はレッド・ヒル・ダグラス・カウンティを示す。混同に要注意。
Snake River Valleyはオレゴン州＆アイダホ州両州にまたがっている。

□ 答え □

ワシントン州のAVA：Red Mountainレッド・マウンテン、Rattlesnake Hillsラットルスネーク・ヒルズ、Puget Soundピュージェット・サウンド、Wahluke Slopeワルーク・スロープ、Horse Heaven Hillsホース・ヘヴン・ヒルズ、Yakima Valleyヤキマ・ヴァレー、Ancient Lakesエンシェント・レイクス、Naches Heightsナチェス・ハイツ、Snipes Mountainスナイプス・マウンテン、Lake Chelanレーク・シェラン
ワシントン州＆オレゴン州両州にまたがっているAVA：Walla Walla Valleyワラ・ワラ・ヴァレー、Columbia Valleyコロンビア・ヴァレー、Columbia Gorgeコロンビア・ゴージ
オレゴン州のAVA：Rogue Valleyローグ・ヴァレー、McMinnvilleマックミンヴィル、Applegate Valleyアップルゲート・ヴァレー、Umpqua Valleyアンプクア・ヴァレー、Elkton Oregonエルクトン・オレゴン、Ribbon Ridgeリボン・リッジ、Dundee Hillsダンディー・ヒルズ、Eola-Amity Hillsエオラ・アミティ・ヒルズ、Red Hill Douglas Countyレッド・ヒル・ダグラス・カウンティ、Yamhill-Carlton Districtヤムヒル・カールトン・ディストリクト、Chehalem Mountainsシェヘイラム・マウンテンズ、Willamette Valleyウィラメット・ヴァレー、Snake River Valleyスネーク・リヴァー・ヴァレー

ニューヨーク州の主要AVA

NYにはハドソン河が流れ、
ニューヨーク州 ハドソン・リヴァー（略）
シャンプレイン（略）

ロング・アイランドが突き出している。
ロング・アイランドがつくAVA3つ

西にはナイアガラの滝があり、
NYの西方 ナイアガラ・エスカープメント（エスカープメント：崖）

エリー湖に注いでいる。（ここまでの記述は真実）
レイク・エリー（略）

湖上で、寝かせた粥が指で食べたい！
セネカ・レイク　カユガ・レイク　フィンガー・レイクス

答え

Champlain Valley of New York Regionシャンプレイン・ヴァレー・オブ・ニューヨーク・リージョン、Hudson River Regionハドソン・リヴァー・リージョン、Long Islandロング・アイランド、North Fork of Long Islandノース・フォーク・オブ・ロング・アイランド、Hamptons of Long Islandハンプトンズ・オブ・ロング・アイランド、Niagara Escarpmentナイアガラ・エスカープメント、Lake Erie & Chautauquaレイク・エリー＆ショートーカ（ニューヨーク州、ペンシルバニア州、オハイオ州にまたがっている）、Seneca Lakeセネカ・レイク、Cayuga Lakeカユガ・レイク、Finger Lakesフィンガー・レイクス

ヴァージニア州の主要AVA（Virginiaの語が含まれるAVA以外）

ヴァージニア州は
ヴァージニア州

ジョージ・ワシントンが生まれた所。
（略）George Washington Birthplace

ロアノーク・ロッキーが
（略）ロアノーク　　ロッキー（略）

レモンティー飲んでチェロを
モンティチェッロ

何度も弾く。
シェナンドア（略）

(答え)

Northern Neck George Washington Birthplaceノーザン・ネック・ジョージ・ワシントン・バースプレイス、North Fork Roanokeノーザンフォーク・ロアノーク、Rocky Knobロッキー・ノブ、Monticelloモンティチェッロ、Shenandoah Valleyシェナンドア・ヴァレー

アンダーソン・ヴァレーは何郡（カウンティ）に所属するか

アンダーの処理、
Anderson Valley

めんどちーの。
Mendocino County

(答え)

Anderson Valleyアンダーソン・ヴァレーはMendocino Countyメンドシーノ郡に所属する。

オーストラリアでブドウ栽培が始まった年、初めてブドウ樹を植えた人物

「コアラはいーな、パパ～!」

オーストラリア　　　　　1788年

(パパは)**朝、フィリップスで髭を剃っている。**

アーサー・フィリップ大佐

> いつかな～
> コアラ
> なら～
> パパ～!

補足 フィリップス：オランダの電機メーカー

答え

1788年、オーストラリアに入植したイギリスのアーサー・フィリップ大佐が記念として、シドニーの公邸庭園にブドウ樹を初めて植えた。

オーストラリアワイン、ラベル記載義務事項と番号

亜硫酸は物理で使う。
亜硫酸　　　200

ソルビン酸で悪阻。
ソルビン酸　　　220

ビタミンC(アスコルビン酸)は
ビタミンC

サマーに必要。
300

補足 ソルビン酸はソーセージに添加されることの多い保存料。

答え
亜硫酸：220、ソルビン酸：200、ビタミンC(アスコルビン酸)：300

オーストラリアにおける栽培面積黒ブドウ1位〜3位、白ブドウ1位〜3位（2015年）

豪州の玄人跣の白壁を褒める。
黒ブドウ　シラーズ　カベルネ・ソーヴィニョン　メルロ

白い車道でソバに
白ブドウ　シャルドネ　SB：Sauvignon Blanc

蝉が止まった。
セミヨン

補足 玄人跣：（玄人がはだしで逃げ出す意）玄人が驚くほど、素人が技芸に優れていること。

答え
黒ブドウ：1位 Shirazシラーズ、2位 Cabernet Sauvignon カベルネ・ソーヴィニョン、3位 Merlotメルロ
白ブドウ：1位 Chardonnayシャルドネ、2位 Sauvignon Blancソーヴィニョン・ブラン、3位 Sémillonセミヨン

オーストラリアの州別ブドウ生産量順位（1位〜4位）

南口のニューヴィクトリアで
南オーストラリア州　ニュー・サウス・ウェールズ州　ヴィクトリア州

西部劇観よう！
西オーストラリア州

答え
1位：South Australia 南オーストラリア州
2位：New South Wales ニュー・サウス・ウェールズ州
3位：Victoria ヴィクトリア州
4位：Western Australia 西オーストラリア州

South Australia州の主なワイン産地（北から南へ）

南のクリアな川辺でバロック音楽

<small>Saouth Australia州　クレア・ヴァレー　リヴァーランド　　バロッサ・ヴァレー</small>

聴きながら、アデレードから

<small>アデレード・ヒルズ</small>

離れ枕で寝ると、

<small>マクラーレン（略）</small>

ローブ選びの苦難は

<small>robe　　　　　　　　　クナワラ</small>

忘れられる。

補足 ▶ ローブrobe：(仏)・(英)長いワンピースの婦人服

答え

Clare Valleyクレア・ヴァレー、Riverlandリヴァーランド、Barossa Valleyバロッサ・ヴァレー、Adelaide Hillsアデレード・ヒルズ、McLaren Valeマクラーレン・ヴェイル、Robeローブ、Coonawarra クナワラ

Coonawarraクナワラに初めてブドウ樹を植えた 人物、植えた年、土壌名

苦難（があるとき）は

<small>クナワラ</small>

<small>１８９０:ゼンデラ</small>

メドックの一泊禅寺さ。

<small>ジョン・リドック　　1890年　　テラ・ロッサ</small>

答え

クナワラに初めてブドウ樹を植えたのはスコットランド人 ジョン・リドック。植えた年は1890年。クナワラの土壌はTerra Rossaテラ・ロッサと呼ばれ、表土は赤土、下層は石灰岩質

McLaren Valeマクラーレン・ヴェイルに初めてブドウ樹を植えた人物、植えた場所、植えた年、その際雇われた人物

（F1で）**マクラーレン、ハード走行。**
マクラーレン（略）　（略）ハーディ

「レイネ・レイネ♪」と
レイネル、レイネラ

嫌味や〜。
1838年

嫌味や〜

レイネ・
レイネ♪

┃補足┃ マクラーレン（McLaren）：1963年にブルース・マクラーレンにより設立されたイギリスのレーシング・チーム。

答え
マクラーレン・ヴェイルに初めてブドウ樹を植えた人物はジョン・レイネル。植えた場所はレイネラ。植えた年は1838年。雇われた人物はトーマス・ハーディ

New South Wales州の主なワイン産地（西から東へ）

新地には、ターバン
New South Wales州　　タンバランバ

巻いたマジな
マッジー

ハンターがいる。
ハンター

マジ
真剣

新地

答え
Tumbarumbaタンバランバ、 Mudgeeマッジー、 Hunterハンター

Hunterハンターに初めてブドウ樹が植えられた年

ハンターが、
ハンター（略）

1 8 2 5
一発ニッコリ（射撃した）。
1825年

答え
ハンターに初めてブドウ樹が植えられた年は1825年

ゴールバーン・ヴァレーの所属州

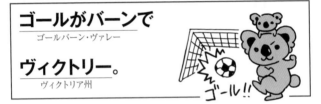

ゴールがバーンで
ゴールバーン・ヴァレー

ヴィクトリー。
ヴィクトリア州

答え
ゴールバーン・ヴァレーはヴィクトリア州に属する。

Victoria州の主なワイン産地（東から西へ）

ヴィクトリアのキングゴールは
ヴィクトリア州　　　　キング(略)　ゴールバーン(略)

イヤらしく、
ヤラ(略)

朝からロング。
モーニングトン(略)　ジロング

答え

King Valleyキング・ヴァレー、Goulburn Valleyゴールバーン・ヴァレー、Yarra Valleyヤラ・ヴァレー、Mornington Peninsulaモーニングトン・ペニンシュラ、Geelongジロング

Western Australia州の主なワイン産地（北から南へ）

西には白鳥がいて、グラフィック。
Western Australia州　スワン・ディストリクト　　　　ジオグラッフ

マーガレットが咲いて、
マーガレット・リヴァー

偉大なサザン(オールスターズ)
グレート・サザン

が歌い出す。

補足 グラフィック：写実的な

答え

Swan Districtスワン・ディストリクト、Geographeジオグラッフ、Margaret Riverマーガレット・リヴァー、Great Southernグレート・サザン

245

カンガルー・アイランドは何州に属するか、その特徴

カンガルーさんは
カンガルー・アイランド　3番目

オーストラリアの南にいる。
　　オーストラリア　　　　南オーストラリア州

答え

所属州：南オーストラリア州／特徴：オーストラリアで
3番目に大きい島

Canadaカナダ

交配品種Vidalは何と何の交配か／Vidalは白ブドウか黒ブドウか

ヴィダルサスーンはユニークな白で、
ヴィダル　　　　　　　　　ユニ・ブラン　　白ブドウ

（キャンペーンを）

西武でよくやる。
　　4 9 8 6
　Seibel 4986

||補 足　ヴィダルサスーン：ヘアケア商品のブランド

【答え】

Vidal=Ugni Blancユニ・ブラン×Seibel 4986セイベル4986、
白ブドウ

Ontarioオンタリオ州のDVA

オンタリオのエリー湖北岸には
オンタリオ州　　　レイク・エリー・ノース・ショア

プリンスが住む近くに
プリンス(略)

ナイアガラの滝がある。
ナイアガラ・ペニンシュラ

【答え】

Lake Erie North Shoreレイク・エリー・ノース・ショア、Prince
Edward Countyプリンス・エドワード・カウンティ、Niagara Peninsula
ナイアガラ・ペニンシュラ

British Columbia ブリティッシュ・コロンビア州のDVA

ブリティッシュのフレーザー河口
ブリティッシュ・コロンビア州　　　　フレーザー・ヴァレー

ヴァンクーヴァー島の
ヴァンクーヴァー・アイランド

寒気が身にしみるか？
シミルカミーン・ヴァレー

岡田ガンバレ！
オカナガン・ヴァレー

ガールフレンド待とう‼
ガルフ（略）

補足 ▶ ヴァンクーヴァー島はフレーザー河口の近くに位置する。

答え

Fraser Valley フレーザー・ヴァレー、Vancouver Island ヴァンクーヴァー・アイランド、Similkameen Valley シミルカミーン・ヴァレー、Okanagan Valley オカナガン・ヴァレー、Gulf Islands ガルフ・アイランズ

Argentina アルゼンチン

アルゼンチンの主な黒ブドウ、白ブドウ

丸紅が
マルベック

ドロンするのは
（消えうせる）トロンテス

アルゼンチン。
アルゼンチン

答え

黒ブドウ：Malbec マルベック
白ブドウ：Torrontes トロンテス

アルゼンチンの主要産地（北から南へ）／主要D.O.

アルゼンチンの北は（暑いから）リオハが
アルゼンチン　　　　　　北西部　南半球は北に行くほど暑くなる　ラ・リオハ

あるが、ファン作りは面倒さ。
サン・ファン　　　　　　メンドーサ

（ディナーは）ルパンで食うよ、
Luján de Cuyo

ラファエルさん！
サン・ラ ファ エ ル

補足 ▶ ラ・リオハは北西部に、サン・ファンとメンドーサは中央西部に位置する。

答え
主要産地：La Riojaラ・リオハ、San Juanサン・ファン、Mendoza
メンドーサ
主要D.O.：D.O. Luján de Cuyoルハン・デ・クージョ、D.O. San
Rafaelサン・ラファエル（共にMendoza内のD.O.）

Chileチリ

「チリのブドウ栽培の父」の名前、本格的にワイン造りが始まった年

チリの父は冷やっ濃い
チチ　　　　　1 8　5 1
チリのブドウ栽培の父　　　1851年

お茶がビール代わり。
オチャガビア

答え
オチャガビア、1851年

チリで注目されている黒ブドウ品種

チリのワインは
チリ

軽めね〜。
カルメネール

軽めね〜

答え
Carmenèreカルメネール

チリの主要産地(subregion)(北から南へ)

チリソース缶が開かんから、「カサブランカ」
チリ　　　　　　　アコンカグア(略)　　(映画)カサブランカ(略)

観てからアントニオ猪木に開けてもらおう!
(略)アントニオ(略)

マイラップで包んだ栗ゴハンはマイウ〜!
マイポ(略) Rapel(略)　　　　　クリコ(略)　　　マウレ(略)

イタタきま〜す!
イタタ(略)

ビオ (=有機農法)の
ビオビオ(略)

<ruby>益子焼<rt>マシコ</rt></ruby>盛り
マジェコ(略)

「カウティン・オソルノ」。
カウティン(略)　　オソルノ(略)

答え

(Aconcagua region)
Aconcagua Valleyアコンカグア・ヴァレー、Casablanca Valley
カサブランカ・ヴァレー、San Antonio Valleyサン・アントニオ・ヴァレー
(Central Valley region)
Maipo Valleyマイポ・ヴァレー、Rapel Valleyラペル・ヴァレー、
Curicó Valleyクリコ・ヴァレー、Maule Valleyマウレ・ヴァレー
(South region)
Itata Valleyイタタ・ヴァレー、Bío Bío Valleyビオ・ビオ・ヴァレー、
Malleco Valleyマジェコ・ヴァレー
(Austral)
Cautin Valleyカウティン・ヴァレー、Osorno Valleyオソルノ・ヴァレー

チリでソーヴィニョン・ブランの栽培面積が最大の産地

チリでエスビー（食品）の
チリ　　　　　　SB：Sauvignon Blanc

売上トップは栗ゴハン？
面積最大　　　　クリコ（略）

答え

Curicó Valleyクリコ・ヴァレー

New Zealandニュージーランド

ニュージーランドにおける栽培面積黒ブドウ1位〜3位、白ブドウ1位〜3位（2019年）

「おニューのピアノ飲めるっし？」
ニュージーランド　　ピノ・ノワール　メルロ　シラー

「そーしよう! グー!!」
ソーヴィニョン（略）シャルドネ　（略）グリ

そーしよう!
グー!!

おニューの
ピアノ
飲めるっし？

答え

黒ブドウ：1位：Pinot Noirピノ・ノワール、2位：Merlotメルロ、
3位：Syrahシラー
白ブドウ1位：Sauvignon Blancソーヴィニョン・ブラン、2位：
Chardonnayシャルドネ、3位：Pinot Grisピノ・グリ

ニュージーランドで栽培面積上位1位〜4位の産地（2019年）

乳児に
ニュージーランド

魔法のおキス。
マールボロ、　(略)**オタゴ ギズボーン**
ホークス・ベイ

答え

1位：Marlboroughマールボロ、2位：Hawkes Bayホークス・ベイ、
3位：Central Otagoセントラル・オタゴ、4位：Gisborneギズボーン

ニュージーランド北島の主な産地（北から南へ）

北国なのに多くの選手はハワイかと
北島の主なワイン　　オークランド　　　　　　ワイカト

思って、ギスギス
ギズボーン

していた(ソフトバンク)

ホークスはよくやった！
ホークス・ベイ　　　(英)well：**Well**ington

答え

Aucklandオークランド、Waikatoワイカト、Gisborneギズボーン、
Hawkes Bayホークス・ベイ、Wellingtonウェリントン（Wairarapa
ワイララパ）

ニュージーランド南島の主な産地（北から南へ）

南国産マールボロを吸わないで
南島の主なワイン　　マールボロ

寝ると損するから（と言って）
ネルソン

カウンターで吸ってる
カンタベリー

奴らは、おたんこなす。
（略）オタゴ

答え

Marlboroughマールボロ、Nelsonネルソン、Canterburyカンタ
ベリー、Central Otagoセントラル・オタゴ

South Africa南アフリカ

南アフリカにおける栽培面積黒ブドウ1位～3位、白ブドウ1位～3位（2016年）

南アでは、菓子とポタージュだ。
南アフリカ　　カベルネ（略）　　　ピノタージュ
　　　　　　シラーズ

「シュー」っとコロンを
シュナン（略）　　　コロンバール

ソー ビ
装備する！
ソーヴィニヨン（略）

答え

黒ブドウ1位：Cabernet Sauvignonカベルネ・ソーヴィニヨン、
2位：Shirazシラーズ、3位：Pinotageピノタージュ
白ブドウ1位：Chenin Blancシュナン・ブラン、2位：Colom-
bardコロンバール、3位：Sauvignon Blancソーヴィニヨン・ブラン

南アフリカの象徴的な品種

答え

Pinotageピノタージュ＝
Pinot Noirピノ・ノワール×Cinsautサンソー

Steenスティーン＝Chenin Blancシュナン・ブラン

Cap Classiqueキャップ・クラシックの意味

南アフリカでは古いキャップを
　　　　　　　　　キャップ・クラシック

シャンパンにかぶせる。
瓶内二次発酵のスパークリング・ワイン

答え

Cap Classiqueキャップ・クラシックは瓶内二次発酵のスパークリング・ワインのラベル表示

南アフリカで一番重要なワイン産地

南アフリカで（電化製品は貴重だから）
南アフリカ

擦ったボッシュ製品は捨てれん。
コスタル（略）　　　　　　ステレンボッシュ

補足 ボッシュ：ドイツの電機メーカー

答え

Coastal Regionコースタル・リージョン（地方）のStellenbosch
ステレンボッシュ

賞味期間が長いワインのタイプ

渋いカステラは腐り難い。

渋い赤ワイン 黄色で甘い：　　　　　賞味期間が長い
　　　　　　黄ワイン、甘口ワイン

答え

渋い赤ワイン、黄ワイン(=ヴァン・ジョーヌ)、甘口ワイン

日本における課税数量に占めるワインの割合(2017年)

日本人がワインを飲む割合は、

課税数量に占めるワインの割合

いまだに弱いよ！

4.4%

答え

4.4%

日本人の成人一人当たりの年間ワイン消費量(2017年)

「日本人がワインを飲む量は、

参考まで何ℓですか?」「約3.5ℓ!」
3.5ℓ   約3.5ℓ

答え

3.71ℓ、約3.5ℓ

日本における国別ワイン輸入状況　1位〜5位(2018年)

地理をフランスに
チリ　　フランス

致す飴を輸入。
イタリア スペイン アメリカ　輸入状況

答え

1位：チリ、2位：フランス、3位：イタリア、4位：スペイン、
5位：アメリカ

「ビール」、「発泡酒」、「その他の醸造酒（発泡性）」、「リキュール（発泡性）」それぞれの定義（日本の酒税法において）

ビールといえるのは麦芽使用率が
ビール　　　　　　　　　　　　　麦芽の重量

2/3以上（＝副原料は1/3以下、麦芽の1/2以下）。
66.7％以上

それ未満のものは発泡酒。
麦芽使用率が2/3未満のもの　　　発泡酒

補足 麦芽使用率：水・ホップ・二酸化炭素を除いた原材料に対する麦芽の重量割合

答え

ビール：麦芽、ホップ（以上主原料）、水、その他の定められた物品（副原料）を原料として発酵させたもの（アルコール分20度未満）で、「その他定められた物品（副原料）」の重量合計が麦芽の重量の半分を超えないもの。超えると「発泡酒」となる。

その他の醸造酒（発泡性）①：麦芽以外の原料（大豆、エンドウ、コーンなど）から造られる発泡性醸造酒（アルコール分20度未満、エキス分2度以上）

リキュール（発泡性）①：発泡酒にスピリッツを加えたもの（エキス分2度以上）

ビールの麦芽使用率

2/3以上	1/3以下
麦　芽	副原料

果実酒・甘味果実酒の酒税(日本の酒税法において)

ワインは8万、甘味は甘いに!
果実酒 80,000円　甘味果実酒 120,000円

答え

果実酒:80,000円/kℓ／甘味果実酒:120,000円/kℓ
(アルコール分12度のもの。アルコール1度増すごとに
10,000円の加算)

スピリッツのエキス分、リキュールのエキス分(日本の酒税法において)

スピリッツは辛口。リキュールは甘いに〜!
辛口でエキス分2度未満　　甘口でエキス分2度以上

補足 エキス分とは酒の旨みや甘味を構成している糖分などの成分。エキス分1度とは15℃のとき100cm³の酒に不揮発成分が1gあること。

答え

スピリッツはエキス分2度未満、リキュールはエキス分2度
以上

「外観」で表現すべきこと

化粧は濃い色ですね。健康?					
外観の表現	濃淡	色調	ディスクの厚さ	粘性	健全性

答え

(発泡性の有無)、濃さ(濃淡)、色調、ディスクの厚さ、粘性、健全性&清澄度

「香り」で表現すべきこと

香りの強い夫婦(フーフ)は早(ハヤ)キスコンプレックス。						
香りの表現	強弱	フルーツ フラワー	ハーブ と野菜	木樽(き) スパイス		複雑性

答え

強弱、フルーツ、フラワー、ハーブ、野菜、木樽、スパイス、複雑性

「味わい」で表現すべきこと

赤味(アカ)わって、差(さ)しで歩こ〜。体は後よ。						
アタック&甘味、果実味	味わいの表現	酸味(さん)渋(し)み	アルコール度数	ボディ	後味	余韻(よ)の長さ

答え

アタック、甘味、果実味、酸味、渋み(赤ワイン)、アルコール度数、ボディ、後味、余韻の長さ

【Chapter 26　チーズ】

ノルマンディー地方のA.O.P.チーズ

カマンベール食べてポンポン
カマンベール(略)　　　　　　　ポン(略)

ノルマンディー上陸する
ノルマンディー地方

リヴァプールの
リヴァロ

おぬしらは偉い！
ヌーシャテル

┃補足┃ Liverpoolリヴァプール：イギリス・イングランド北西部マージーサイド州の港湾都市。ビートルズの出身地。

(答え)

Camembert de Normandieカマンベール・ド・ノルマンディー(白かび)、Pont-l'Évêqueポン・レヴェック(ウォッシュ)、Livarotリヴァロ(ウォッシュ)、Neufchâtelヌーシャテル(白かび)

イル・ド・フランス地方のA.O.P.チーズ

フランスの島では
イル・ド・フランス地方

鰤が特産。
ブリ(略)

┃補足┃ イル・ド・フランスは「フランスの島」という意味。パリ近郊。

(答え)

Brie de Meauxブリ・ド・モー(白かび)、Brie de Melunブリ・ド・ムラン(白かび)

ロワール地方のA.O.P.チーズ

ロワールのショッピング・
ロワール地方

モールで、ピエールさんは
サント・モール(略)　　(略)サン・ピエール

しゃぶしゃぶ肉セールを
シャヴィニョル　　セル(略)

バランスよく買う。
ヴァランセ

答え

Sainte-Maure de Touraineサント・モール・ド・トゥーレーヌ(シェーヴル)、Pouligny Saint-Pierreプーリニィ・サン・ピエール(シェーヴル)、Chavignol/Crottin de Chavignolシャヴィニョル/クロタン・ド・シャヴィニョル(シェーヴル)、Selles-sur-Cherセル・シュール・シェール(シェーヴル)、Valençayヴァランセ(シェーヴル)

シャラント・ポワトゥー地方のA.O.P.チーズ

シャラント・ポワトゥー地方には、
シャラント・ポワトゥー地方

ポワトゥーチーズがある。
シャビシュー・デュ・ポワトゥー

答え

Chabichou du Poitouシャビシュー・デュ・ポワトゥー(シェーヴル)

ティエラッシュ地方のA.O.P.チーズ

ティエラッシュ地方は、
ティエラッシュ地方

まあロワール河から離れている。
マロワール

補足 ティエラッシュ地方はフランス北東部、ベルギーとの国境沿いに位置する。

答え

Maroillesマロワール（ウォッシュ）

アルザス地方のA.O.P.チーズ

（メタボな人は）饅頭捨てるときが
マンジュウ　　　　　　　　　マンステール

あるざます。
アルザス地方

答え

Munsterマンステール／Munster-Géroméマンステール・ジェロメ
（ウォッシュ）

シャンパーニュ地方のA.O.P.チーズ

シャンパーニュは斜の
シャンパーニュ地方　　　　　シャ

アングルで撮ろう!
ラングル

Champagne

【答え】

Chaourceシャウルス(白かび)、Langresラングル(ウォッシュ)

ブルゴーニュ地方のA.O.P.チーズ

ブルゴーニュのエポワスは
ブルゴーニュ地方　　　エポワス

ウォッシュチーズの代表格。
ウォッシュ・タイプ

マコネ地区にはシェーヴルもある。
マコネ　　　　　シェーヴル・タイプ

シャロレは牛が有名だが
シャロレ

シェーヴルもある。
シェーヴル・タイプ

【答え】

Epoissesエポワス(ウォッシュ)、Mâconnaisマコネ(シェーヴル)、
Charolaisシャロレ(シェーヴル)

ジュラ地方のA.O.P.チーズ

ジュラシック(・パーク)で「恐竜と格闘し、怪我した
　　ジュラ地方

(仏)mon
僕の人形にモルヒネを
　　モンドール　　　モルビエ

うつ」というコンテを描いた。
　　　　　　　コンテ

補足　ジュラシック：恐竜全盛時代である「ジュラ紀、ジュラ紀の」(恐竜たちはジュ
ラ地方に生息していた)／ジュラシック・パーク(Jurassic Park)：1990年
に出版されたマイケル・クライトンによる小説、またはそれを原作とする映画
シリーズ、もしくはその作品に登場する娯楽施設／コンテ：コンティニュイ
ティ(continuity、連続の意)の略。映画・テレビなどの撮影台本。シナリオ
を基礎として各場面(カット)の区分・構図・位置・動き・台詞などを詳しく記し
たもの。

答え

Mont d'Orモンドール／Vacherin du Haut-Doubsヴァシュラ
ン・デュ・オー・ドゥー(ウォッシュ)、Morbierモルビエ(圧搾)、
Comtéコンテ(加熱圧搾)

コート・デュ・ローヌ地方のA.O.P.チーズ

ローヌのコンドリューは（ワインも）
コート・デュ・ローヌ地方　　（略）コンドリュー

シェーヴルもある。
シェーヴル・タイプ

ピコドンも（丼ではなく）**シェーヴルだ。**
ピコドン　　　　　　　　　　　　　　シェーヴル・タイプ
（ドンブリ）

【答え】

Rigotte de Condrieuリゴット・ド・コンドリュー（シェーヴル）、
Picodonピコドン（シェーヴル）

サヴォワ地方のA.O.P.チーズ

"**サヴォワ・ローション**"
サヴォワ地方　　　　ルブロション

塗って、美しく力強い
（仏）beau　（仏）fort
　　　　ボーフォール

ダンス踊ろう。
アボンダンス

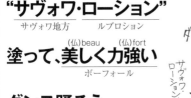

【答え】

Reblochonルブロション／Reblochon de Savoieルブロション・ド・
サヴォワ（非加熱圧搾）、Beaufortボーフォール（加熱圧搾）、
Abondanceアボンダンス（半加熱圧搾）

オーヴェルニュ地方のA.O.P.チーズ（Auvergneの語が含まれるもの以外）

"**オーヴェルニュ・ネクター**"
オーヴェルニュ地方　　　　　（略）ネクテール

飲めば、簡単にダンベル
　　　　　カンタル　（略）ダンベール

持ち上げられる。

【答え】

Saint-Nectaireサン・ネクテール（非加熱圧搾）、Cantalカンタル（非加熱圧搾）、Fourme d'Ambertフルム・ダンベール（青かび）

ミディ・ピレネー地方のA.O.P.チーズ

ミディ・ピレネー観光には
ミディ・ピレネー地方

（仏）fort
ハードロックやブルースを
ロックフォール　　　青かびタイプ

聴くコースがある。
（略）コース

【答え】

Roquefortロックフォール（青かび）、Bleu des Caussesブルー・デ・コース（青かび）

バスク地方&ベアルヌ地方のA.O.P.チーズ

バスク・ベアルヌ地方の
バスク地方&ベアルヌ地方

羊は動作が遅い。
羊乳　　　　　　　　オッソー・イラティ

バスク・ベアルヌ地方

答え

Ossau-Iratyオッソー・イラティ（非加熱圧搾）

コルス（コルシカ島）のA.O.P.チーズ

コルシカ島のブローチは
コルシカ島　　　　　　ブロッチュ

羊か山羊の形だ。
羊乳＋山羊乳

コルシカ島

答え

Brocciuブロッチュ／Brocciu Corseブロッチュ・コルス（ホエイフレッシュ）

ワイン系アペリティフ、Vermouthベルモットの具体例

ワインの前にベルモット。
ワイン系　　　　食前酒　　　　ベルモット

丸テーブル前に鎮座して、
マルティーニ　　　チンザノ

軽いノリでしゃべりましょう。
カルパノ　ノイリー(略)　シャンベリー

答え

ベルモット：マルティーニ、チンザノ、カルパノ、ノイリー・プラット、シャンベリー

Champagne地方のボトルサイズの呼称と容量

シャンパーニュ地方のJRで待たされ、
シャンパーニュ地方　　Jéroboam Réhoboam マテュザレム

猿真似(して時間を潰す)
サルマナザール

バルタン星人と
バルタザール

奈武子殿。
ナビュコドノゾール

補足 2本分はシャンパーニュ地方、ボルドー地方ともMagnumマグナムと呼ぶ。

答え

4本分：Jéroboamジェロボアム、6本分：Réhoboamレオボアム、8本分：Mathusalemマテュザレム、12本分：Salmanazarサルマナザール、16本分：Balthazarバルタザール、20本分：Nabuchodonosorナビュコドノゾール

Bordeaux地方のボトルサイズの呼称と容量

ボルドーではDJが
ボルドー地方　D̲ouble magnum J̲éroboam

皇帝にインタビュー。
Impérial

▌補足　2本分はシャンパーニュ地方、ボルドー地方ともMagnumマグナムと呼ぶ。

答え

4本分：Double magnumドゥブル・マグナム、6本分：Jéroboam
ジェロボアム、8本分：Impérialアンペリアル

日本酒

山田錦の交配年

山田錦を交配。
山田錦の交配

得意な兄さん。
1 9 2 3
1923年

補足 兵庫県立農事試験場にて人工交配された。

答え
山田錦の交配年は1923年。

山田錦の命名年

山田錦、
山田錦

ひどくさむいの嫌!。
1 9 3 6
1936年

補足 山田錦は晩生で冷涼産地には適さない。

答え
山田錦は1936年に命名された。

美山錦の命名年

美は
美山錦

ビックな悩み。
1 9 7 8
1978年

答え
美山錦は1978年に命名された。

日本酒の水に適さない成分は何か

鉄オタと
_鉄

マンガはダメ。
_{マンガン}　　_{適さない}

答え

鉄、マンガン

清酒の特定名称「本醸造酒」、「特別純米酒」、「特別本醸造酒」、「吟醸酒」、「大吟醸酒」それぞれの精米歩合

(雨天中継、)**生本番で、特別むれた！**
_{70% 本醸造}　　_{特別〜}　_{60%}

吟醸も同じ。大吟醸は
_{吟醸酒}　_{60%}　　_{大吟醸酒}

マイナス10で半分以上削る。
_{50%}　　_{精米歩合50%以下}

答え

本醸造酒：70%以下（30%以上米を削る）、特別純米酒^注・特別
本醸造酒^注：60%以下、吟醸酒：60%以下、大吟醸酒：50%以下
注：精米歩合で説明表示する場合

灘五郎がGI指定された5つの郷。西から順番に

西郷どんのおかげ。
<small>西郷</small>　　　　　　　<small>御影郷</small>

「うお!」。
<small>魚郷</small>

西宮で「今でしょ!」。
<small>西宮郷</small>　　　<small>今津郷</small>

答え

西郷、御影郷、魚郷、西宮郷、今津郷

焼酎

焼酎の分類、それぞれの造り方

ずっと寒いと、単に一杯仕事中にも
<small>連続式蒸留焼酎・　36度　　単式蒸留焼酎・　　45度
連続式蒸留器　　　　　　　単式蒸留器で1回蒸留</small>

焼酎飲みたくなる!
<small>焼酎</small>

答え

連続式蒸留焼酎：連続式蒸留器で蒸留、アルコール度36度未満／単式蒸留焼酎：単式蒸留器で蒸留、アルコール度45度以下

壱岐焼酎の生産地(県)、原料

粋な長崎は麦焼酎の発祥地。

壱岐焼酎　　長崎県　　　麦焼酎

補足 ▶ 長崎県の壱岐島は日本において麦焼酎の発祥地である。

答え

長崎県、麦

球磨焼酎の生産地(県)、原料

クマ・クマ・コメ。

球磨焼酎　熊本県　　米

答え

熊本県、米

琉球泡盛の生産地(県)、原料

琉球は今沖縄。

琉球焼酎　　　　沖縄県

ここは(東京・)**麹町から遥か彼方。**

　　　　　　　　　麹

答え

沖縄県、米麹

薩摩焼酎の生産地(県)、原料

薩摩は今**鹿児島**。**サツマイモの産地。**
薩摩焼酎　　　　　　鹿児島県　　　　　甘藷

答え
鹿児島県、サツマイモ(甘藷)

黒糖焼酎の生産地

黒糖は**甘味大。**
黒糖焼酎　　奄美大島

答え
奄美大島(鹿児島県・薩南諸島)周辺

参考文献
「日本ソムリエ協会　教本2020」
NHK「ためしてガッテン」ホームページ
NHK「テストの花道」ホームページ
「図解　できる人の記憶力倍増ノート」(PHP研究所　椋木修三著)
「別宮のスーパー暗記帖　ベック式! 世界史ゴロ覚え」
　　　　　　　　　　　　　　　(学習教育出版　別宮孝司著)
「野村のスーパー暗記帖　ゴロゴロ日本史」(学習教育出版　野村光夫著)
「できる人の勉強法」(中経出版　安河内哲也著)
「勉強魂の作り方!!」(Book&Books　みかみ一桜著)
「最短で結果が出る超勉強法」(講談社　荘司雅彦著)

【著者紹介】

矢野 恒(やの ひさし)

東京都港区麻布出身、在住
麻布の自宅に1万本超収納可能の地下ワイン蔵所有
幼稚舎より慶應義塾で学び、慶應義塾大学商学部(マーケティング専攻)卒業

International A.S.I. Sommelier Diploma(国際ソムリエ協会認定ソムリエ)
日本ソムリエ協会認定シニアソムリエ
WSET® Advanced Certificate。ロバート・パーカー認定ワインテイスター。
ポマール喇酒騎士団会員
第1回全日本ソムリエ最優秀ソムリエコンクール 兼
第9回世界最優秀ソムリエコンクール オーストリア大会日本代表選考会
(1996年)セミファイナリスト
第10回フランスワイン・スピリッツ全国ソムリエ最高技術賞コンクール
(1998年)セミファイナリスト
第6回ポートワインソムリエコンテスト銅メダリスト(1995年)、第7回同
コンテスト銅メダリスト(1996年)、第8回同コンテスト金メダリスト(優勝)
(1997年)
日本ソムリエ協会総会にて「協会の名を大いに高めた功績は誠に顕著
である」として会長より表彰状・記念品授与(1997年)
ワインズ・オブ・ポルトガル、日本ソムリエ協会共催ポルトガルワイン
コンクールrunner-up(準優勝)(2014年)
フランスチーズ鑑評騎士。日本酒喇酒師。調理師
アロマテラピー検定1級、フランス語検定2級

温泉ソムリエ協会認定 温泉ソムリエマスター(温泉ソムリエ分析書
マスター)

フランスワイン買付けのため&フランスの空気を深呼吸するため、
頻繁に渡仏している。

共著「ワイン受験講座」(アカデミー・デュ・ヴァン発行、成隆出版)

アカデミー・デュ・ヴァン講師

✿ MEMO ✿

✗ MEMO ✗

MEMO

ワイン受験
ゴロ合わせ
暗記法2020

2020年4月1日　第1刷発行

著者・イラストイメージ
　　矢野 恒(アカデミー・デュ・ヴァン講師)
特別協力(多数寄稿)・イラストイメージ
　　紫貴 あき(アカデミー・デュ・ヴァン講師)
イラスト　川上 美智子
校正・執筆協力　矢野 恒、西澤 千典、
　　　　　　　　アカデミー・デュ・ヴァン事務局

協　力　相場 裕美、浅沼 真貴子、稲田 晴生、鵜田 晋幸、
　　　　枝川 千春、大島 嘉仁、大橋 春奈、尾形 実保、
　　　　緒方 義行、上村 泰宏、川島 なお美、私市 收、
　　　　國本 竜生、小森 哲郎、小森 記子、近藤 誠一、
　　　　金野 擁、清水 八恵、清水 康弘、杉崎 美香、
　　　　照井 伸吾、富田 葉子、鳥本 里奈、中林 稔、
　　　　永渕 真理子、並木 啓、西澤 千典、萩原 啓子、
　　　　原 理恵子、日比野 恵美子、福島 久美子、
　　　　福田 晃、福田 千文、船津 英陽、細井 江実子、
　　　　堀江 ゆり、前田 和美、松澤 紀子、松沢 裕之、
　　　　松本 麻記子、南 和孝、南 泰子、茂木 美博、
　　　　山崎 智美、山田 奈央、横山 武信
　　　　(敬称略、50音順)

発　行　アカデミー・デュ・ヴァン
　　　　〒150-0001
　　　　東京都渋谷区神宮前5-53-67
　　　　コスモス青山ガーデンフロア
　　　　Tel:03-3486-7769
　　　　Fax:03-3486-5482
　　　　http://www.adv.gr.jp/

発　売　有限会社 成隆出版
　　　　〒104-0041
　　　　東京都中央区新富1-5-5-406
　　　　Tel:03-3297-8821
　　　　Fax:03-6280-3203
　　　　ISBN 978-4-915348-94-5　C0070

装　丁
デザイン　株式会社 プライムステーション
印　刷